中国古典家具

技艺全书·解析经典

金荣题

"十三五"国家重点图书
2020 年度国家出版基金资助项目

国家出版基金项目
NATIONAL PUBLICATION FOUNDATION

总顾问：李　坚　刘泽祥　刘文金
总主编：周京南　朱志悦　杨　飞

中国古典家具技艺全书
（第二批）

解析经典①

坐具Ⅰ（交椅、圈椅、官帽椅）

第十一卷

（总三十卷）

主　编：周京南　卢海华　董　君

中国林业出版社

图书在版编目（CIP）数据

解析经典 . ① / 周京南等总主编 . -- 北京 ：中国林业出版社，2021.1
（中国古典家具技艺全书 . 第二批）

ISBN 978-7-5219-1016-2

Ⅰ . ①解… Ⅱ . ①周… Ⅲ . ①家具—介绍—中国—古代 Ⅳ . ① TS666.202

中国版本图书馆 CIP 数据核字 (2021) 第 023775 号

出 版 人：刘东黎
总 策 划：纪 亮
责任编辑：樊 菲

出　　版：中国林业出版社（100009 北京市西城区刘海胡同 7 号）
印　　刷：北京利丰雅高长城印刷有限公司
发　　行：中国林业出版社
电　　话：010 8314 3610
版　　次：2021 年 1 月第 1 版
印　　次：2021 年 1 月第 1 次
开　　本：889mm×1194mm，1/16
印　　张：18
字　　数：300 千字
图　　片：约 830 幅
定　　价：360.00 元

《中国古典家具技艺全书》（第二批）总编撰委员会

总 顾 问：李　坚　刘泽祥　刘文金

总 主 编：周京南　朱志悦　杨　飞

书名题字：杨金荣

《中国古典家具技艺全书——解析经典①》

主　　　　编：周京南　卢海华　董　君

编 委 成 员：方崇荣　蒋劲东　马海军　纪　智　徐荣桃

参与绘图人员：李　鹏　孙胜玉　温　泉　刘伯恺　李宇瀚

　　　　　　　李　静　李总华

凡 例

一、本书中的木工匠作术语和家具构件名称主要依照
　　王世襄先生所著《明式家具研究》的附录一《名
　　词术语简释》，结合目前行业内通用的说法，力
　　求让读者能够认同。

二、本书分有多种图题，说明如下：
　　1. 整体外观为家具的推荐材质外观效果图。
　　2. 三视结构为家具的三个视角的剖视图。
　　3. 用材效果为家具的三种主要珍贵用材的展示效果图。
　　4. 结构爆炸为家具的零部件爆炸图。
　　5. 结构示意为家具的结构解析和标注图，按照构件的
　　　部位或类型分类。
　　6. 细部效果和细部结构为对应的家具构件效果图和三
　　　视图，其中细部结构中部分构件的俯视图或左视
　　　图因较为简单，故省略。

三、本书中效果图和 CAD 图分别编号，以方便读者查找。

四、本书中每件家具的穿销、栽榫、楔钉等另加的榫卯只
　　绘出效果图，并未绘出 CAD 图，读者在实际使用中，
　　可以根据家具用材和尺寸自行决定此类榫卯的数量
　　和大小。

序 言

李 坚 中国工程院院士

讲到中国的古家具，可谓博大精深，灿若繁星。

从神秘庄严的商周青铜家具，到浪漫拙朴的秦汉大漆家具；从壮硕华美的大唐壶门结构，到精炼简雅的宋代框架结构，从秀丽俊逸的明式风格，到奢华繁复的清式风格，这一漫长而恢宏的演变过程，每一次改良，每一场突破，无不渗透着中国人的文化思想和审美观念，无不凝聚着中国人的汗水与智慧。

家具本是静物，却在中国人的手中活了起来。

木材，是中国古家具的主要材料。通过中国匠人的手，塑出家具的骨骼和形韵，更是其商品价值的重要载体。红木的珍稀世人多少知晓，紫檀、黄花梨、大红酸枝的尊贵和正统更是为人称道，若是再辅以金、骨、玉、瓷、珐琅、螺钿、宝石等珍贵的材料，其华美与金贵无须言表。

纹饰，是中国古家具的主要装饰。纹必有意，意必吉祥，这是中国传统工艺美术的一大特色。纹饰之于家具，不但起到点缀空间、构图美观的作用，还具有强化主题、烘托喜庆的功能。龙凤麒麟、喜鹊仙鹤、八仙八宝、梅兰竹菊，都寓意着美好和幸福，也是刻在中国人骨子里的信念和情结。

造型，是中国古家具的外化表现和功能诉求。流传下来的古家具实物在博物馆里，在藏家手中，在拍卖行里，向世人静静地展现着属于它那个时代的丰姿。即使是从未接触过古家具的人，大概也分得出桌椅几案，柜架床榻，这得益于中国家具的流传有序和中国人制器为用的传统。关于造型的研究更是理论深厚，体系众多，不一而足。

唯有技艺，是成就中国古家具的关键所在，当前并没有被系统地挖掘和梳理，尚处于失传和误传的边缘，显得格外落寞。技艺是连接匠人和器物的桥梁，刀削斧凿，木活生花，是熟练的手法，是自信的底气，也是"手随心驰，心从手思，心手相应"的炉火纯青之境界。但囿于中国传统各行各业间"以师带徒，口传心授"传承方式的局限，家具匠人们的技艺并没有被完整的记录下来，没有翔实的资料，也无标准可依托，这使得中国古典家具技艺在当今社会环境中很难被传播和继承。

此时，由中国林业出版社策划、编辑和出版的《中国古典家具技艺全书》可以说是应运而生，责无旁贷。全套书共三十卷，分三批出版，运用了当前最先进的技术手段，最生动的展现方式，对宋、明、清和现代中式的家具进行了一次系统的、全面的、大体量的收集和整理，通过对家具结构的拆解，家具部件的展示，家具工艺的挖掘，家具制作的考证，为世人揭开了古典家具技艺之美的面纱。图文资料的汇编、尺寸数据的测量、CAD和效果图的绘制以及对相关古籍的研究，以五年的时间铸就此套著作，匠人匠心，在家具和出版两个领域，都光芒四射。全书无疑是一次对古代家具文化的抢救性出版，是对古典家具行业"以师带徒，口传心授"的有益补充和锐意创新，为古典家具技艺的传承、弘扬和发展注入强劲鲜活的动力。

　　党的十八大以来，国家越发重视技艺，重视匠人，并鼓励"推动中华优秀传统文化创造性转化、创新性发展"，大力弘扬"精益求精的工匠精神"。《中国古典家具技艺全书》正是习近平总书记所强调的"坚定文化自信、把握时代脉搏、聆听时代声音，坚持与时代同步伐、以人民为中心、以精品奉献人民、用明德引领风尚"的具体体现和生动诠释。希望《中国古典家具技艺全书》能在全体作者、编辑和其他工作人员的严格把关下，成为家具文化的精品，成为世代流传的经典，不负重托，不辱使命。

2020 年 5 月

前　言

纪　亮　全书总策划

　　中国的古典家具，有着悠久的历史。传说上古之时，神农氏发明了床，有虞氏时出现了俎。商周时代，出现了曲几、屏风、衣架。汉魏以前，家具一般都形体较矮，属于低型家具。自南北朝开始，出现了垂足坐，于是凳、靠背椅等高足家具随之出现。隋唐五代时期，垂足坐的休憩方式逐渐普及，高低型家具并存。宋代以后，高型家具及垂足坐才完全代替了席地坐的生活方式。高型家具经过宋、元两朝的普及发展，到明代中期，已取得了很高的艺术成就，中国古典家具艺术进入成熟阶段，形成了被誉为具有高度艺术成就的"明式家具"。清代家具，承明余续，在造型特征上，骨架粗壮结实，方直造型多于明式曲线造型，题材生动且富于变化，装饰性强，整体大方而局部装饰精细入微。近20年来，古典家具发展迅猛，家具风格在明清家具的基础上不断传承和发展，并形成了独具中国特色的现代中式家具，亦有学者称之为"中式风格家具"。

　　中国的古典家具，经过唐宋的积淀，明清的飞跃，现代的传承，已成为"东方艺术的一颗明珠"。中国古典家具是我国传统造物文化的重要组成和载体，也深深影响着世界近现代的家具设计。国内外研究并出版以古典家具的历史文化、图录资料等内容的著作较多，然而从古典家具技艺的角度出发，挖掘整理的著作少之又少。技艺——是古典家具的精髓，是保护发展我国古典家具的核心所在。为了更好地传承和弘扬我国古典家具文化，全面系统地介绍我国古典家具的制作技艺，提高国家文化软实力，提升民族自信，实现古典家具创造性转化、创新性发展，中国林业出版社聚集行业之力组建《中国古典家具技艺全书》编写工作组。全书以制作技艺为线索，详细介绍了古典家具的结构、造型、制作、解析、鉴赏等内容，全书共30卷，分为榫卯构造、匠心营造、大成若缺、解析经典、美在久成这5个系列陆续出版，并通过数字化手段搭建中国古典家具技艺网和家具技艺APP等。全书力求通过准确的测量、绘制，挖掘、梳理家具技艺，向读者展示中国古典家具的线条美、结构美、造型美、雕刻美、装饰美、材质美。

《解析经典》为本套丛书的第四个系列，共分十卷。本系列以宋明两代绘画中的家具图像和故宫博物院典藏的古典家具实物为研究对象，因无法进行实物测绘，只能借助现代化的技术手段进行场景还原、三维建模、结构模拟等方式进行绘制，并结合专家审读和工匠实践来勘误矫正，最终形成了200余套来自宋、明、清的经典器形的珍贵图录，并按照坐具、承具、卧具、庋具、杂具等类别进行分类，分器形点评、CAD图示、用材效果、结构爆炸、部件示意、细部详解六个层次详细地解析了每件家具。这些丰富而翔实的资料将为我们研究和制作古典家具提供重要的学习和参考资料。本系列丛书中所选器形均为明清家具之经典器物，其中器物的原型几乎均为国之重器，弥足珍贵，故以"解析经典"命名。因家具数量较多、结构复杂，书中难免存在疏漏与错误，望广大读者批评指正，我们也将在再版时陆续修正。

　　最后，感谢国家新闻出版署将本项目列为"十三五"国家重点图书出版规划，感谢国家出版基金规划管理办公室对本项目的支持，感谢为全书的编撰而付出努力的每位匠人、专家、学者和绘图人员。

纪亮

2020 年 12 月

目 录

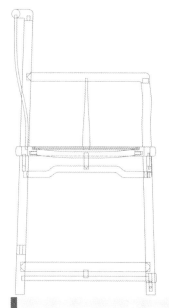

坐具 I

交椅、圈椅、官帽椅

如意云头纹交椅

材质：黄花梨

年款：明

整体外观（效果图1）

1. 器形点评

　　此交椅椅圈为柔婉的圆弧形，椅圈五接，由五段弧形弯材组成，自搭脑至扶手一顺而下。靠背略呈弓形，靠背板上浮雕如意云头纹。后腿转弯处，用双螭纹角牙填塞支撑。座面软屉以丝绳编成。下有可以翻转的脚踏，足下带托子。此交椅设计精巧，线条柔婉流畅，在靠背板上略施云纹雕刻，显得灵韵生动。此椅是一件携带轻便的家具。

2. CAD 图示

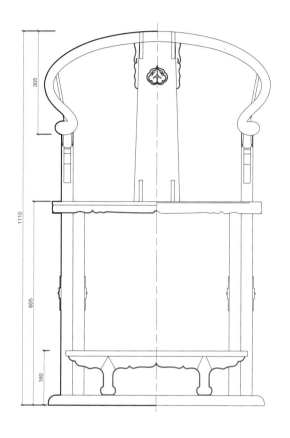

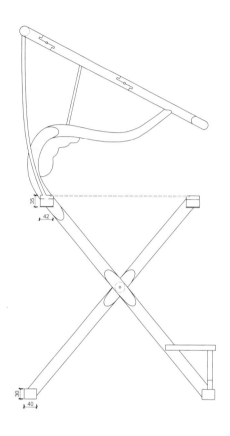

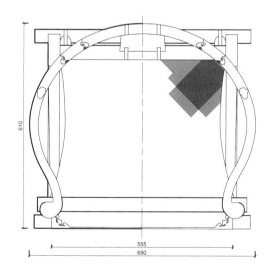

如意云头纹大样图

三视结构（CAD 图 1）

说明：在家具的测量和绘制过程中存在少量国家标准允许的误差；全书计量单位为毫米（mm）。

3. 用材效果

用材效果（材质：紫檀；效果图2）

用材效果（材质：黄花梨；效果图3）

用材效果（材质：红酸枝；效果图4）

4

4. 结构爆炸

结构爆炸（效果图 5）

5. 部件示意

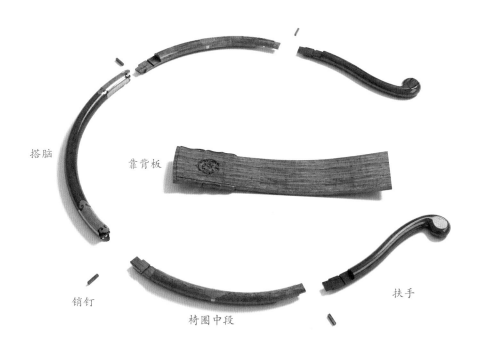

搭脑

靠背板

销钉

椅圈中段

扶手

部件示意—椅圈和靠背板（效果图 6）

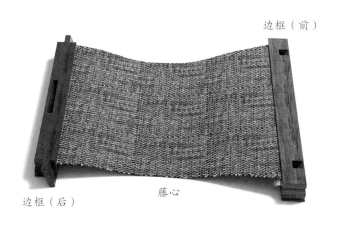

边框（前）

边框（后）

藤心

部件示意—座面（效果图 7）

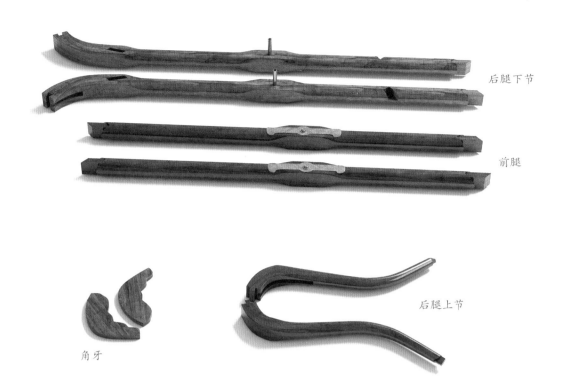

后腿下节

前腿

后腿上节

角牙

部件示意—腿子和角牙（效果图 8）

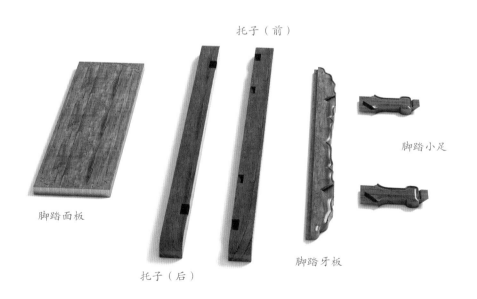

托子（前）

脚踏小足

脚踏面板

脚踏牙板

托子（后）

部件示意—脚踏和托子（效果图 9）

6. 细部详解

细部效果—椅圈和靠背板（效果图 10）

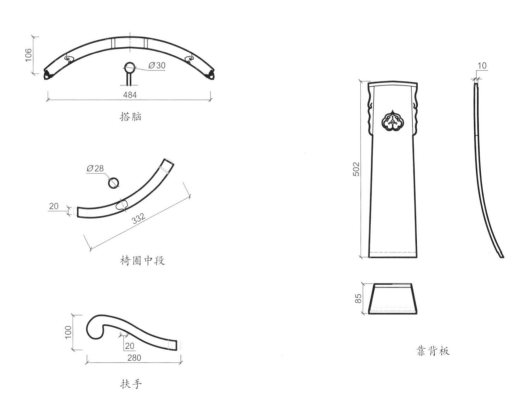

搭脑

椅圈中段

扶手

靠背板

细部结构—椅圈和靠背板（CAD 图 2 ～ 图 5）

细部效果—座面（效果图11）

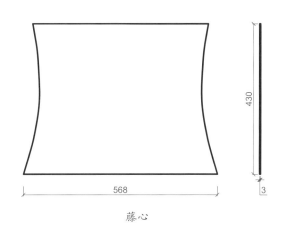

藤心

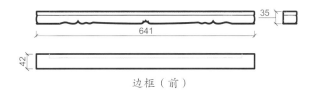

边框（前）

边框（后）

细部结构—座面（CAD图6～图8）

9

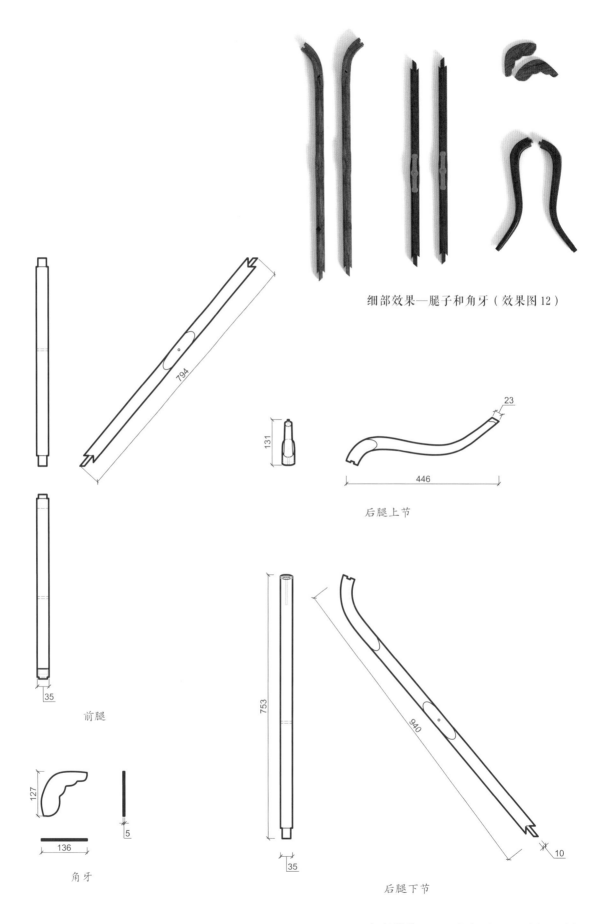

细部效果—腿子和角牙（效果图 12）

794

131

23

446

后腿上节

35

前腿

127

5

136

角牙

753

940

10

35

后腿下节

细部结构—腿子和角牙（CAD 图 9 ~ 图 12）

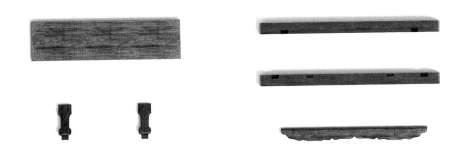

细部效果—脚踏和托子（效果图 13）

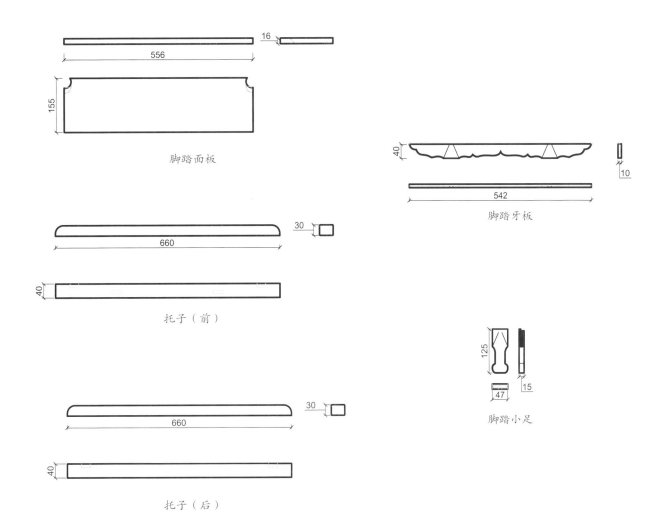

16

556

155

脚踏面板

40

542

10

脚踏牙板

30

660

40

托子（前）

125

15

47

脚踏小足

30

660

40

托子（后）

细部结构—脚踏和托子（CAD 图 13 ～ 图 17）

透雕团凤纹圈椅

材质：黄花梨

年款：明

整体外观（效果图1）

1. 器形点评

此圈椅椅圈五接，由五段弧形弯材接成，呈现出一段优美的弧线，至扶手尽端处雕出舒展卷曲且圆润的云头。靠背板弯曲，上部雕出透空的团凤纹。联帮棍为镰刀把式。座面落堂装藤屉，座面下三面安壶门券口牙子，牙板中心雕有分心花。四腿为圆材，下部以步步高管脚枨连接。此椅上部的圆形椅圈与方形座面，一圆一方，其设计风格体现了古人"天圆地方"的世界观。整件家具装饰无多，唯以带卷草的壶门牙板和团凤纹透光作装饰，恰到好处。

2. CAD 图示

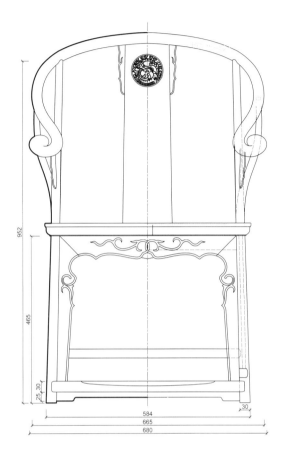

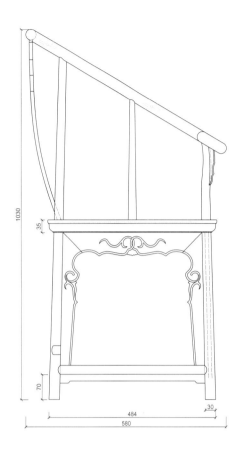

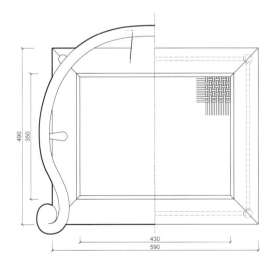

团凤纹透光大样图

主视图	左视图
俯视图	细节图

三视结构（CAD 图 1）

3. 用材效果

用材效果（材质：紫檀；效果图 2）

用材效果（材质：黄花梨；效果图 3）

用材效果（材质：红酸枝；效果图 4）

4. 结构爆炸

结构爆炸（效果图 5）

5. 部件示意

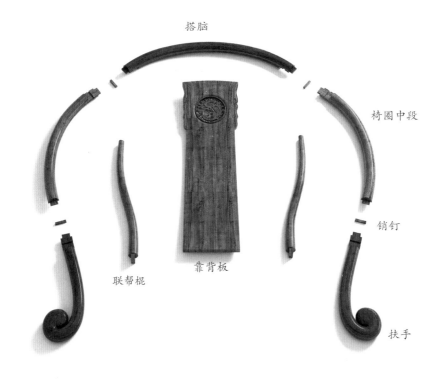

搭脑

椅圈中段

销钉

扶手

联帮棍

靠背板

部件示意—椅圈和靠背（效果图6）

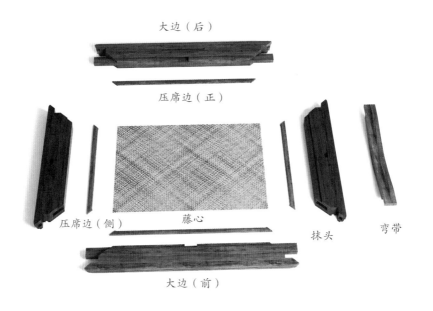

大边（后）

压席边（正）

压席边（侧）　藤心　　抹头　　弯带

大边（前）

部件示意—座面（效果图7）

16

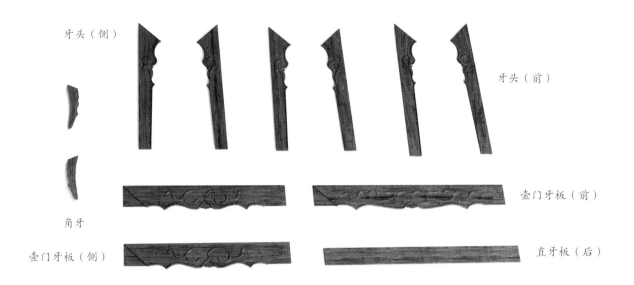

牙头（侧）

牙头（前）

角牙

壶门牙板（前）

壶门牙板（侧）

直牙板（后）

部件示意—牙子（效果图 8）

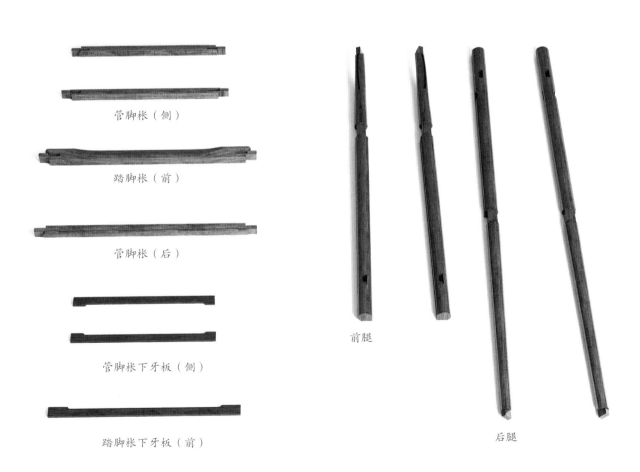

管脚枨（侧）

踏脚枨（前）

管脚枨（后）

管脚枨下牙板（侧）

踏脚枨下牙板（前）

前腿

后腿

部件示意—管脚枨和其下牙板（效果图 9）

部件示意—腿子（效果图 10）

6. 细部详解

细部效果—椅圈和靠背（效果图 11）

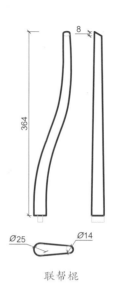

联帮棍

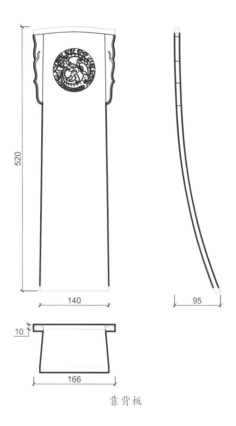

靠背板

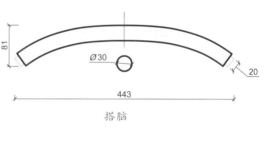

搭脑

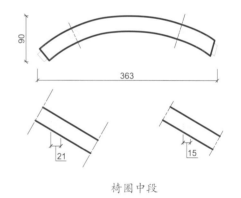

椅圈中段

扶手

细部结构—椅圈和靠背（CAD 图 2 ~ 图 6）

细部效果—腿子（效果图 12）

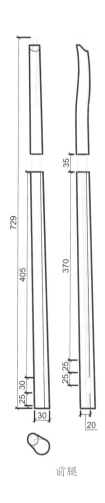

前腿

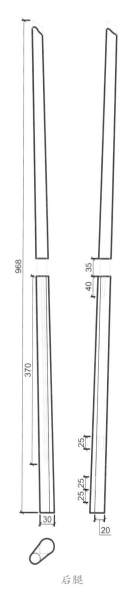

后腿

细部结构—腿子（CAD 图 7 ~ 图 8）

细部效果—座面（效果图13）

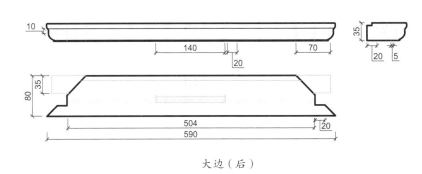

大边（后）

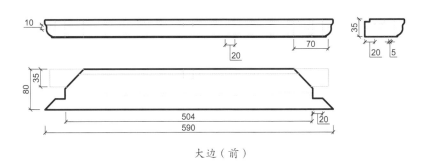

大边（前）

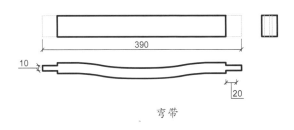

弯带

20

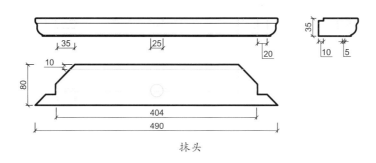

抹头

压席边（正）

压席边（侧）

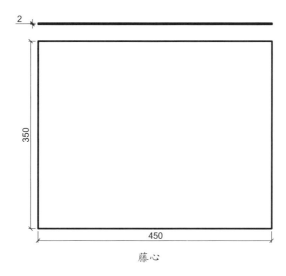

藤心

细部结构—座面（CAD 图 9 ~ 图 15）

细部效果—牙子（效果图14）

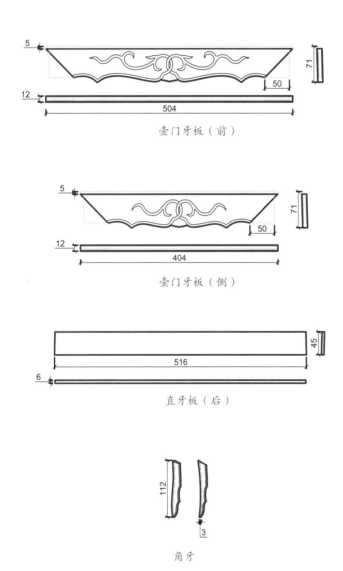

壶门牙板（前）

壶门牙板（侧）

直牙板（后）

角牙

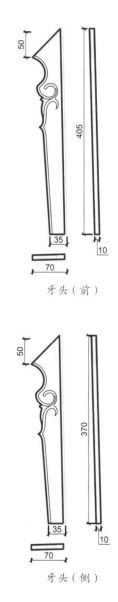

牙头（前）

牙头（侧）

细部结构—牙子（CAD图16～图21）

细部效果—管脚枨和其下牙板（效果图 15）

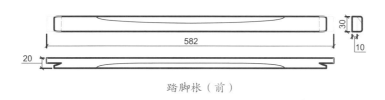

踏脚枨（前）

管脚枨（后）

管脚枨（侧）

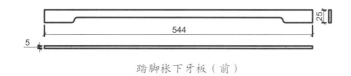

踏脚枨下牙板（前）

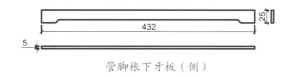

管脚枨下牙板（侧）

细部结构—管脚枨和其下牙板（CAD 图 22 ~ 图 26）

藤心素面矮圈椅

材质：黄花梨

年款：明

整体外观（效果图1）

1. 器形点评

    此圈椅体形低矮，弧形椅圈自搭脑向两侧扶手一顺而下，柔润委婉。靠背板为S形，与同样为S形的联帮棍相互呼应。椅圈搭脑两侧的靠背立柱与后腿为一木连做，直贯座面。座面落堂做，中安藤心，座面之下与两侧椅腿间安壸门券口牙子。四腿直下，前面及左右两侧安管脚枨。

2. CAD 图示

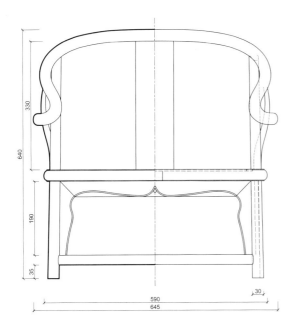

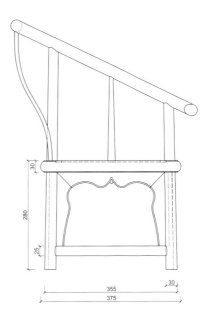

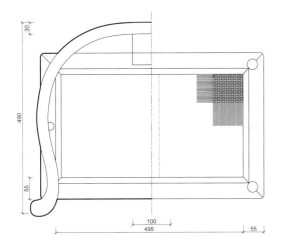

三视结构（CAD 图 1）

3. 用材效果

用材效果（材质：紫檀；效果图2）

用材效果（材质：黄花梨；效果图3）

用材效果（材质：红酸枝；效果图4）

4. 结构爆炸

结构爆炸（效果图 5）

5. 部件示意

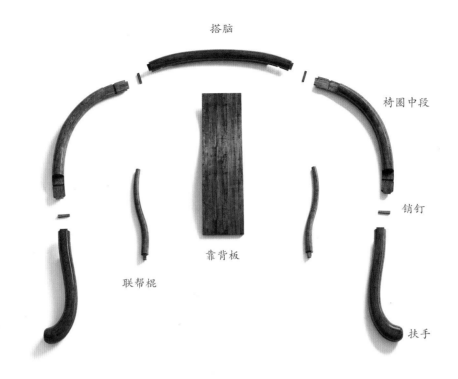

搭脑

椅圈中段

销钉

扶手

靠背板

联帮棍

部件示意—椅圈和靠背（效果图 6）

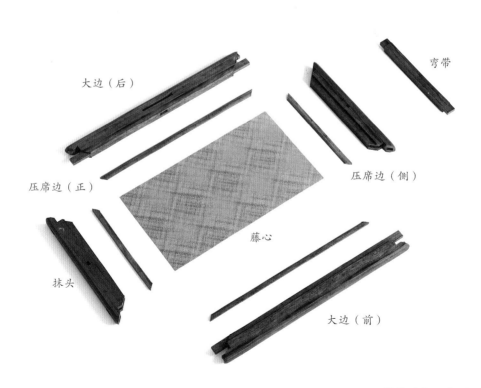

大边（后）

弯带

压席边（正）

压席边（侧）

藤心

抹头

大边（前）

部件示意—座面（效果图 7）

28

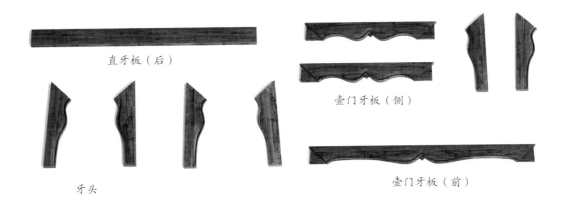

直牙板（后）

壶门牙板（侧）

牙头

壶门牙板（前）

部件示意—牙子（效果图 8）

前腿

后腿

部件示意—腿子（效果图 9）

踏脚枨（前）

管脚枨（侧）

部件示意—管脚枨（效果图 10）

6. 细部详解

细部效果—椅圈和靠背（效果图 11）

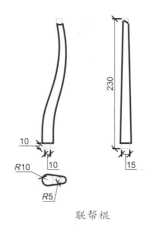

联帮棍

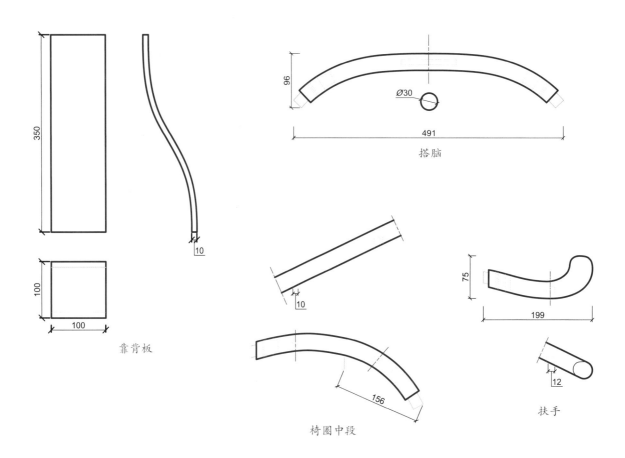

靠背板

椅圈中段

搭脑

扶手

细部结构—椅圈和靠背（CAD 图 2 ~ 图 6）

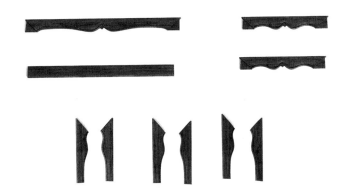

细部效果—牙子（效果图12）

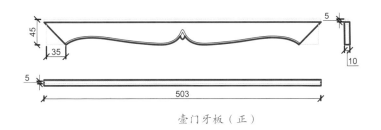

壸门牙板（正）

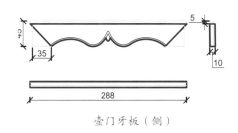

壸门牙板（侧）

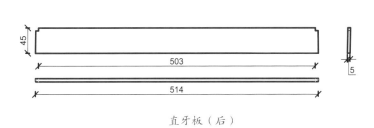

直牙板（后）

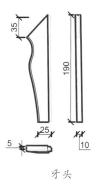

牙头

细部结构—牙子（CAD 图 7 ~ 图 10）

细部效果—座面（效果图 13）

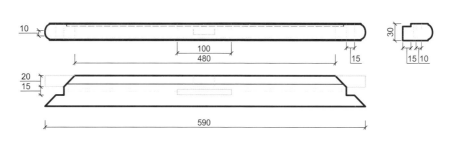

大边（后）

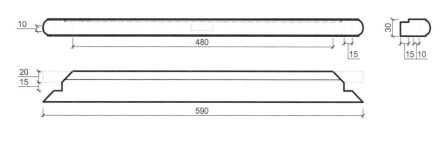

大边（前）

压席边（正）

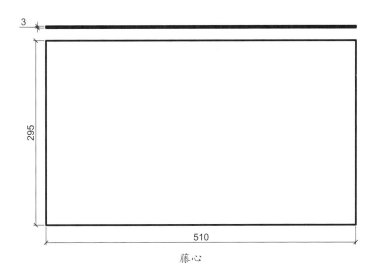

藤心

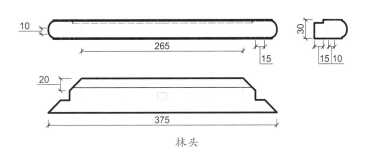

抹头

压席边（侧）

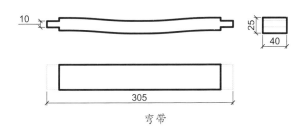

弯带

细部结构—座面（CAD 图 11 ~ 图 17 ）

33

细部效果—管脚枨（效果图 14）

踏脚枨（前）

548

515

10

25

30

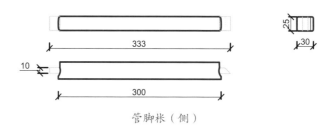

管脚枨（侧）

333

300

10

25

30

细部结构—管脚枨（CAD 图 18 ～ 图 19）

细部效果—腿子（效果图15）

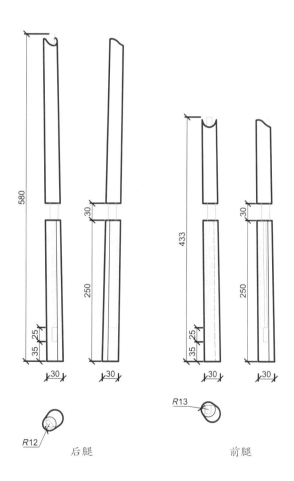

后腿　　　　　　　前腿

细部结构—腿子（CAD 图 20 ~ 图 21）

龙纹圈椅

材质：黄花梨

年款：明

整体外观（效果图1）

1. 器形点评

    此椅椅圈五接，由五段弧形弯材接成，自搭脑向两侧扶手委婉而下。靠背板呈弓形，自上而下分别浮雕圆形及方形开光。搭脑两侧立柱安云纹花牙。座面落堂做，下有束腰，接壶门牙板，雕饰卷草纹。四腿为方材，边沿起皮条线。四腿直下，足端为内翻马蹄足。

2. CAD 图示

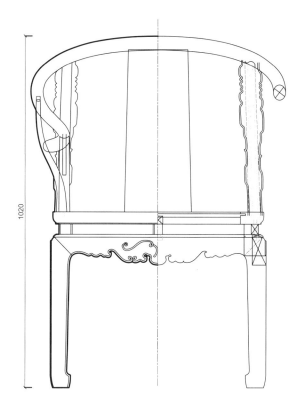

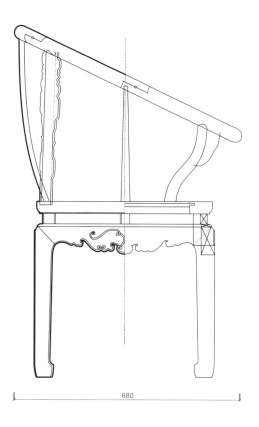

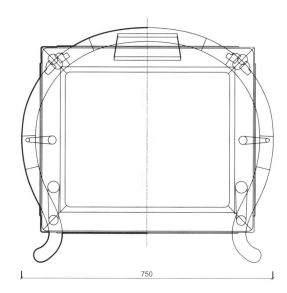

三视结构（CAD 图 1）

注：视图中部分纹饰略去。

3. 用材效果

用材效果（材质：紫檀；效果图 2）

用材效果（材质：黄花梨；效果图 3）

用材效果（材质：红酸枝；效果图 4）

4. 结构爆炸

结构爆炸（效果图 5）

5. 部件示意

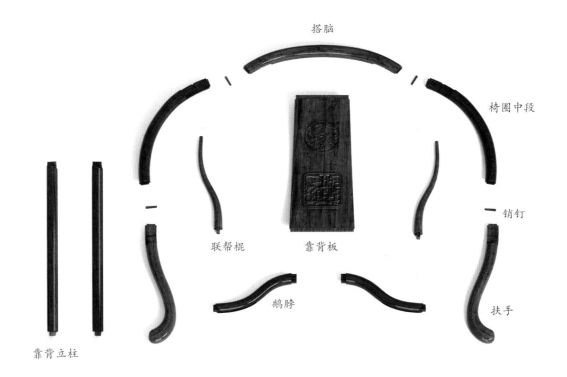

搭脑

椅圈中段

销钉

扶手

联帮棍　　靠背板

鹅脖

靠背立柱

部件示意—椅圈和靠背（效果图 6）

穿带

抹头

大边（后）

大边（前）

面心

部件示意—座面（效果图7）

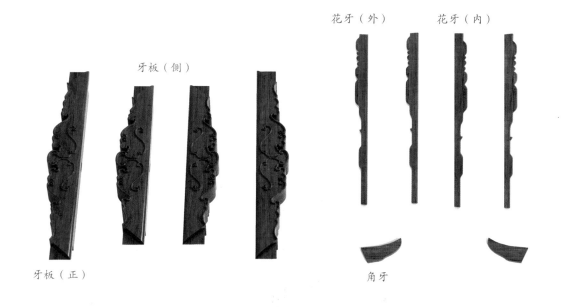

花牙（外） 花牙（内）

牙板（侧）

牙板（正）

角牙

部件示意—牙子（效果图 8）

部件示意—腿子（效果图 9）

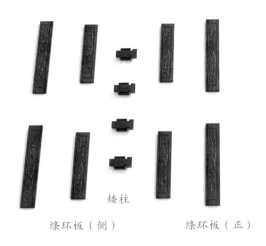

矮柱

绦环板（侧）　　　绦环板（正）

部件示意—束腰（效果图 10）

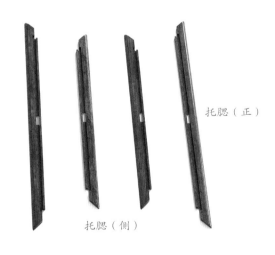

托腮（正）

托腮（侧）

部件示意—托腮（效果图 11）

6. 细部详解

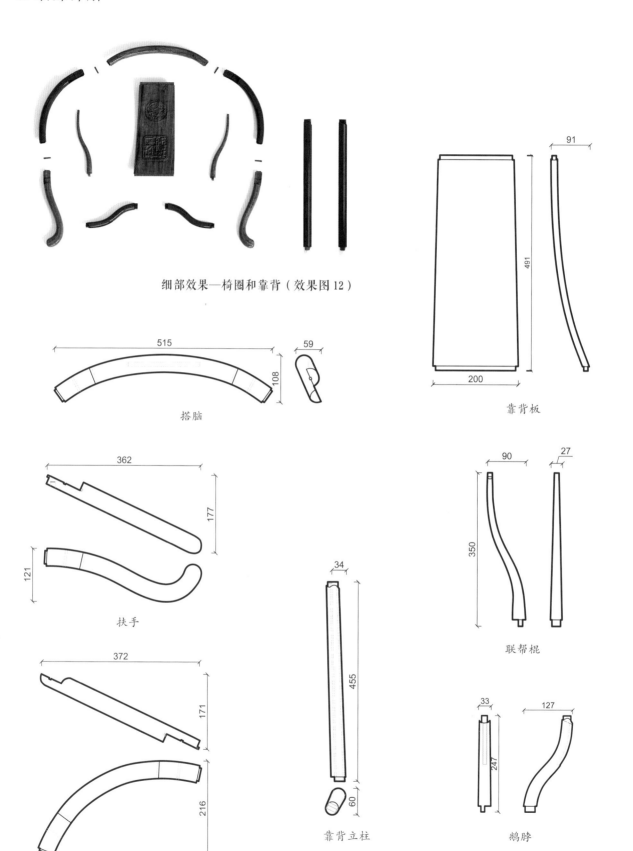

细部效果—椅圈和靠背（效果图12）

搭脑

靠背板

扶手

联帮棍

椅圈中段

靠背立柱

鹅脖

细部效果—座面（效果图 13）

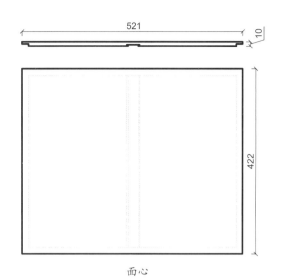

521

10

422

面心

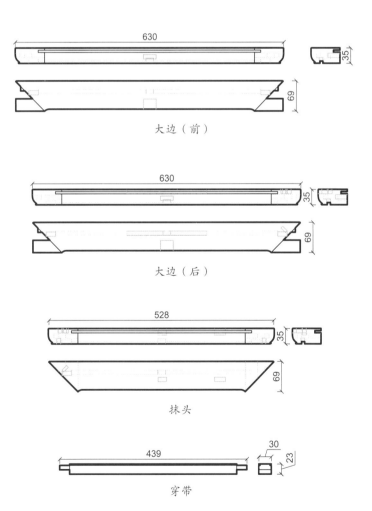

630

35

69

大边（前）

630

35

69

大边（后）

528

35

69

抹头

439

30

23

穿带

细部结构—座面（CAD 图 9 ~ 图 13）

45

细部效果—牙子（效果图 14）

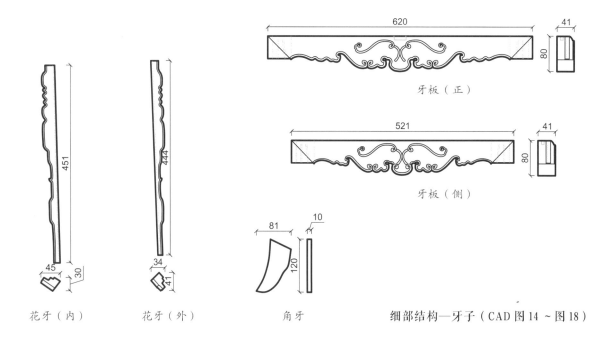

620
41
80

牙板（正）

521
41
80

牙板（侧）

81
10
120

451
45
30
花牙（内）

444
34
41
花牙（外）

角牙

细部结构—牙子（CAD 图 14～图 18）

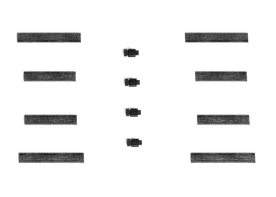

细部效果—束腰（效果图 15）

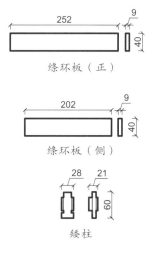

252
9
40
绦环板（正）

202
9
40
绦环板（侧）

28
21
60
矮柱

细部结构—束腰（CAD 图 19～图 21）

细部效果—托腮（效果图 16）

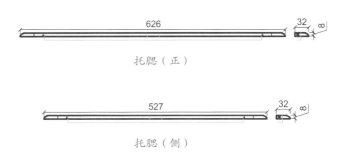

托腮（正）

托腮（侧）

细部结构—托腮（CAD 图 22 ~ 图 23）

细部效果—腿子（效果图 17）

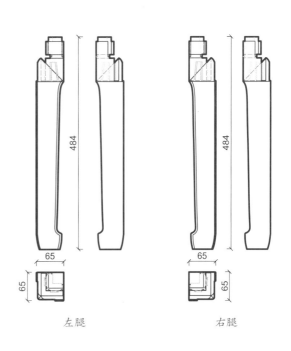

左腿　　　　　　右腿

细部结构—腿子（CAD 图 24 ~ 图 25）

卷书式搭脑圈椅

材质：黄花梨

年款：明

整体外观（效果图1）

1. 器形点评

此椅靠背板高出椅圈，搭脑做成卷书式。靠背板光素，呈S形。四腿为圆材，直下落地。腿上部装罗锅枨，上安双环卡子花，足端安步步高管脚枨。此椅造型别有意趣，上圆下方，通体采用圆材制作，圆熟秀美，线条富于变化。

2. CAD 图示

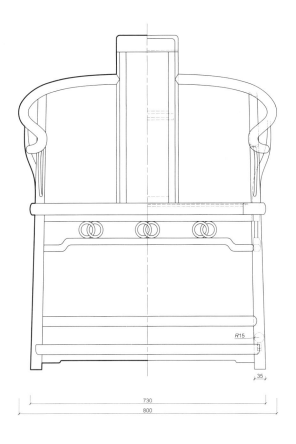

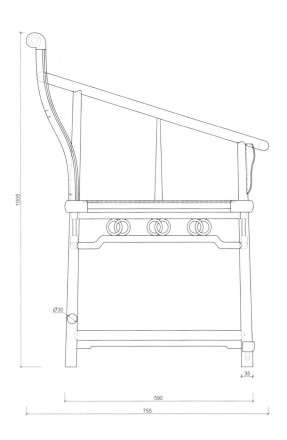

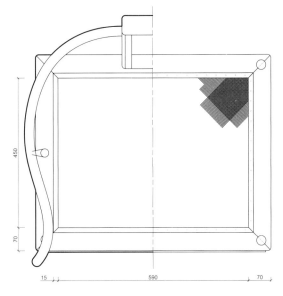

三视结构（CAD 图 1）

3. 用材效果

用材效果（材质：紫檀；效果图 2）

用材效果（材质：黄花梨；效果图 3）

用材效果（材质：红酸枝；效果图 4）

4. 结构爆炸

结构爆炸（效果图 5）

51

5. 部件示意

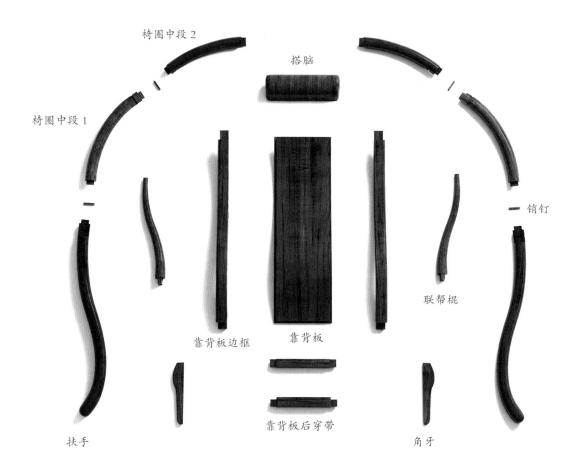

椅圈中段 2

搭脑

椅圈中段 1

销钉

靠背板边框

靠背板

联帮棍

靠背板后穿带

扶手

角牙

部件示意—椅圈和靠背（效果图 6）

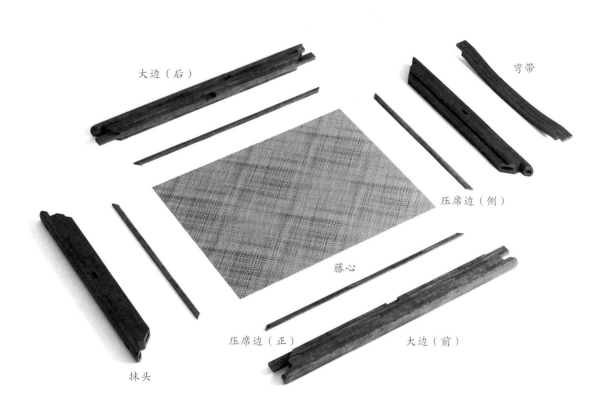

大边（后）

弯带

压席边（侧）

藤心

压席边（正）

大边（前）

抹头

部件示意—座面（效果图 7）

前腿

后腿

部件示意—腿子（效果图 8）

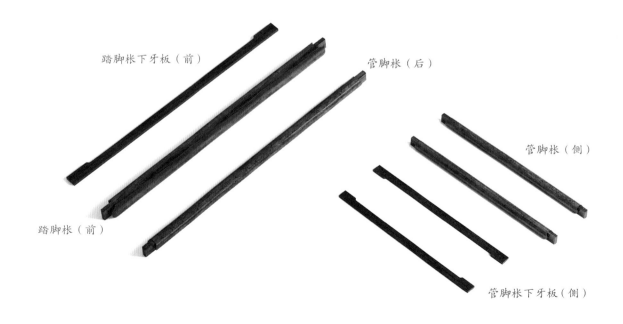

踏脚枨下牙板（前）

管脚枨（后）

管脚枨（侧）

踏脚枨（前）

管脚枨下牙板（侧）

部件示意—管脚枨和其下牙板（效果图 9）

罗锅枨（侧）

罗锅枨（正）

部件示意—罗锅枨（效果图10）

直枨（侧）

直枨（正）

部件示意—直枨（效果图11）

部件示意—卡子花（效果图12）

6. 细部详解

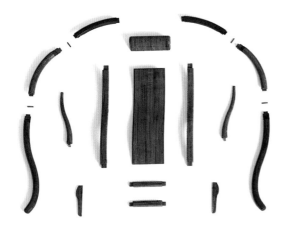

细部效果—椅圈和靠背（效果图13）

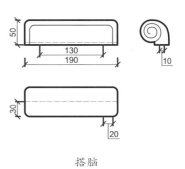

搭脑

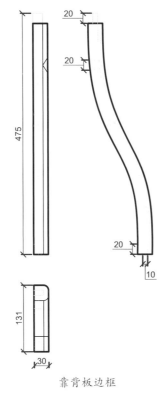

靠背板边框

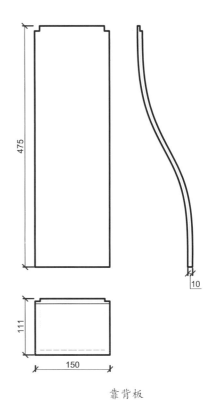

靠背板

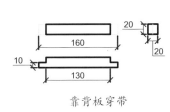

靠背板穿带

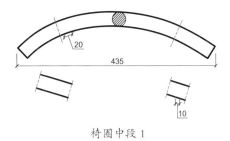

椅圈中段 1

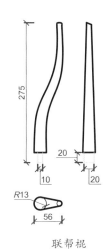

联帮棍

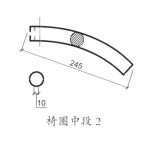

椅圈中段 2

角牙

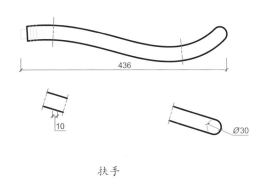

扶手

细部结构—椅圈和靠背（CAD 图 2 ~ 图 10）

57

细部效果—座面（效果图 14）

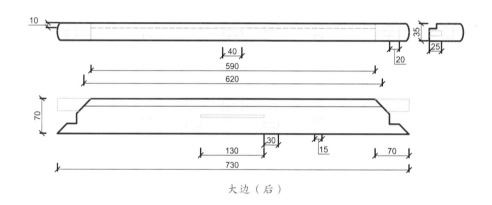

大边（后）

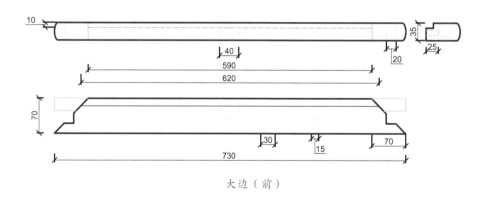

大边（前）

压席边（正）

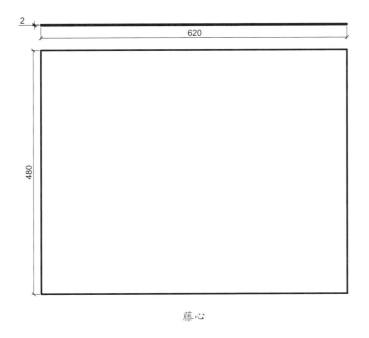

藤心

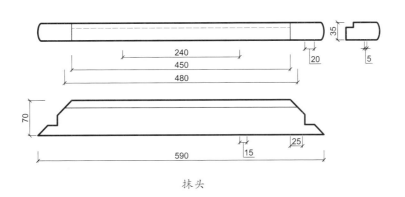

抹头

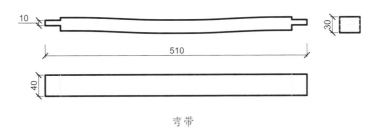

弯带

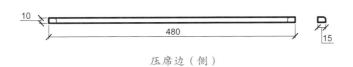

压席边（侧）

细部结构—座面（CAD 图 11 ~ 图 17）

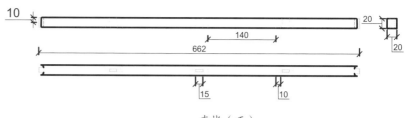

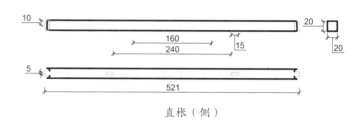

直枨（正）

直枨（侧）

细部效果—直枨（效果图 15）

细部结构—直枨（CAD 图 18 ~ 图 19）

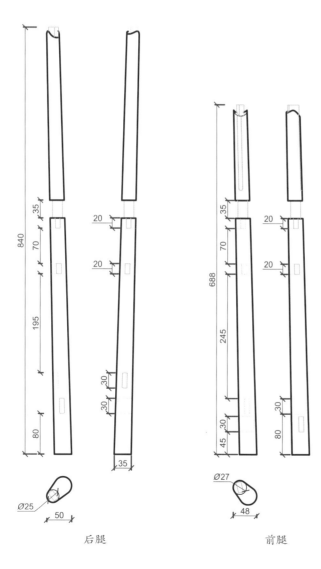

后腿

前腿

细部结构—腿子（CAD 图 20 ~ 图 21）

细部效果—腿子（效果图 16）

细部效果—卡子花（效果图 17）

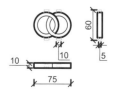

细部结构—卡子花（CAD 图 22）

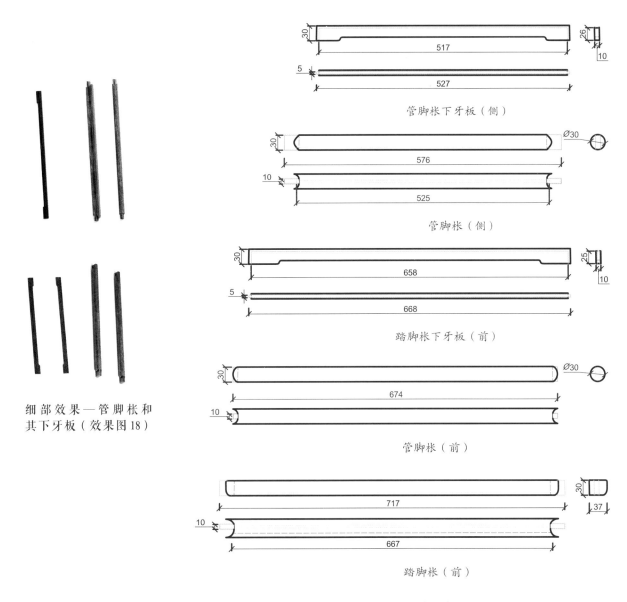

细部效果—管脚枨和
其下牙板（效果图 18）

管脚枨下牙板（侧）

管脚枨（侧）

踏脚枨下牙板（前）

管脚枨（前）

踏脚枨（前）

细部结构—管脚枨和其下牙板（CAD 图 23 ~ 图 27）

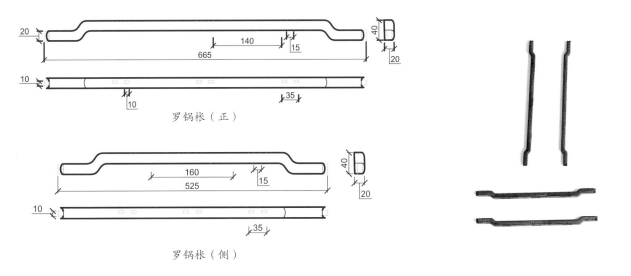

罗锅枨（正）

罗锅枨（侧）

细部结构—罗锅枨（CAD 图 28 ~ 图 29）　　　细部效果—罗锅枨（效果图 19）

藤心素圈椅

材质：黄花梨

年款：明

整体外观（效果图1）

1. 器形点评

此椅为标准的明式风格座椅，椅圈弧形，自搭脑向两侧扶手一顺而下，柔婉圆润。靠背板光素，为弯材制作，略呈外弓形。搭脑两侧靠背立柱与后腿为一木连做，直贯座面。扶手中段安有镰刀把式联帮棍。座面安藤心，下为壶门牙板。四腿为圆材，略微外展，形成挓角。前两腿之间安壶门券口牙子，足端安步步高管脚枨。

2. CAD 图示

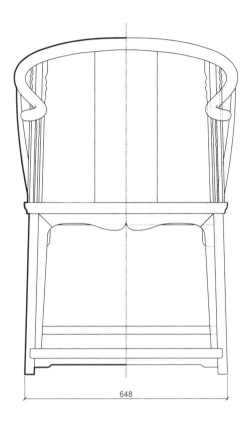

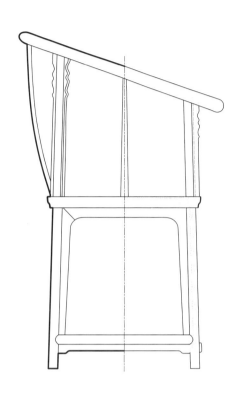

648

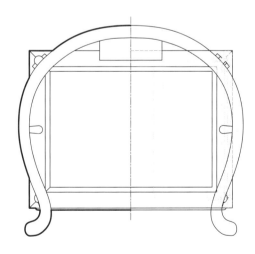

三视结构（CAD 图 1）

3. 用材效果

用材效果（材质：紫檀；效果图 2）

用材效果（材质：黄花梨；效果图 3）

用材效果（材质：红酸枝；效果图 4）

4. 结构爆炸

结构爆炸（效果图 5）

5. 部件示意

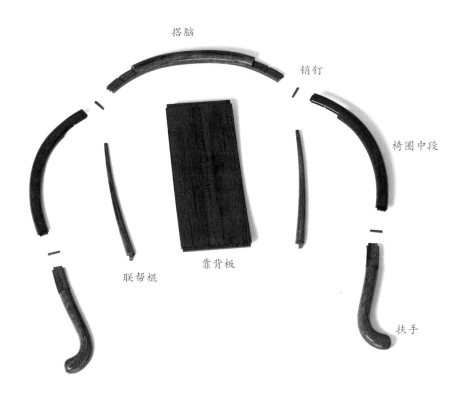

搭脑

销钉

椅圈中段

靠背板

联帮棍

扶手

部件示意—椅圈和靠背（效果图 6）

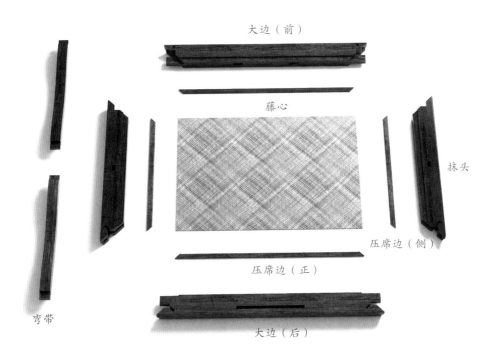

大边（前）

藤心

抹头

压席边（侧）

压席边（正）

弯带

大边（后）

部件示意—座面（效果图 7）

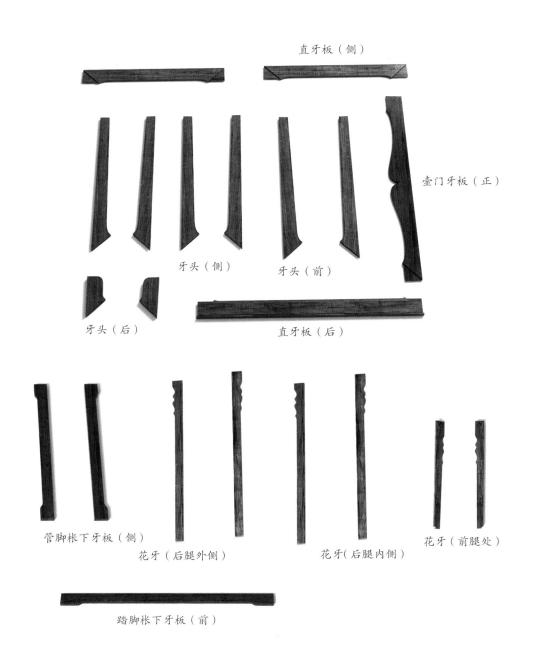

直牙板（侧）

壸门牙板（正）

牙头（侧）

牙头（前）

牙头（后）

直牙板（后）

管脚枨下牙板（侧）

花牙（后腿外侧）

花牙（后腿内侧）

花牙（前腿处）

踏脚枨下牙板（前）

部件示意—牙子（效果图 8）

后腿

前腿

部件示意—腿子（效果图 9）

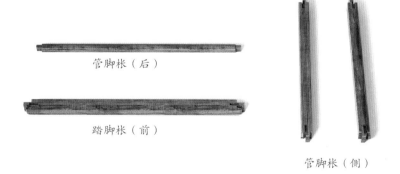

管脚枨（后）

踏脚枨（前）

管脚枨（侧）

部件示意—管脚枨（效果图 10）

6. 细部详解

细部效果—椅圈和靠背（效果图 11）

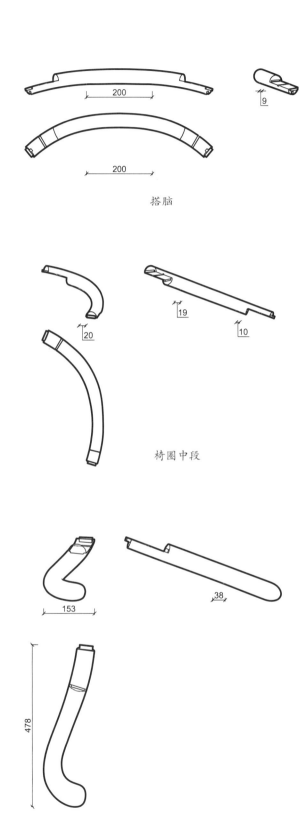

搭脑

椅圈中段

扶手

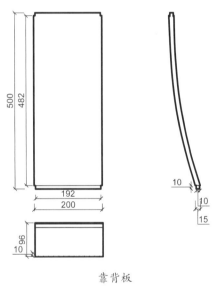

靠背板

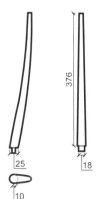

联帮棍

细部结构—椅圈和靠背（CAD 图 2 ～图 6）

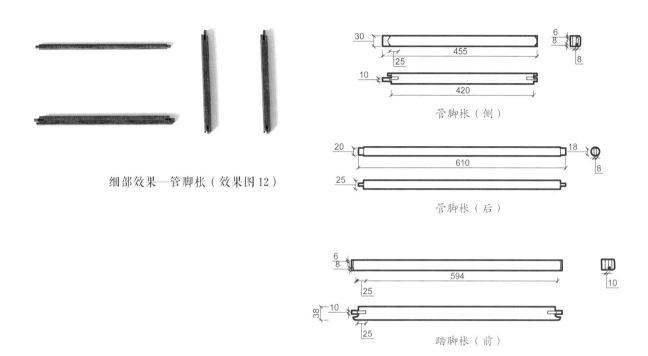

细部效果—管脚枨（效果图 12）

管脚枨（侧）

管脚枨（后）

踏脚枨（前）

细部结构—管脚枨（CAD 图 7 ～图 9）

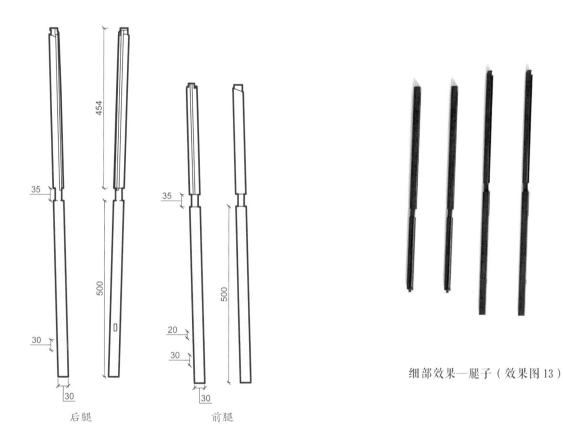

后腿　　　　　　　前腿

细部结构—腿子（CAD 图 10 ～图 11）

细部效果—腿子（效果图 13）

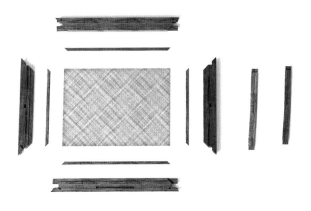

细部效果—座面（效果图 14）

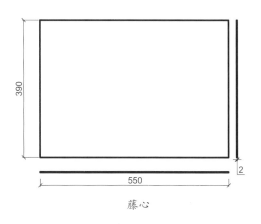

藤心

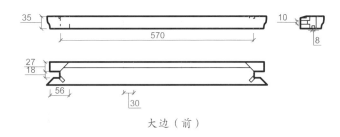

大边（前）

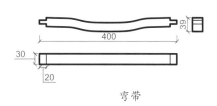

弯带

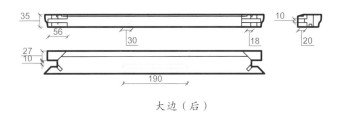

大边（后）

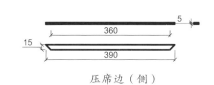

压席边（侧）

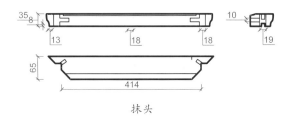

抹头

压席边（正）

细部结构—座面（CAD 图 12 ～ 图 18）

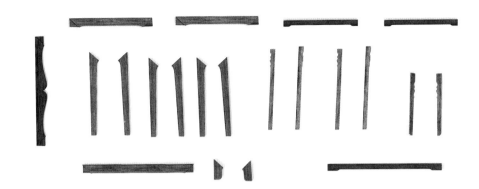

细部效果—牙子（效果图 15）

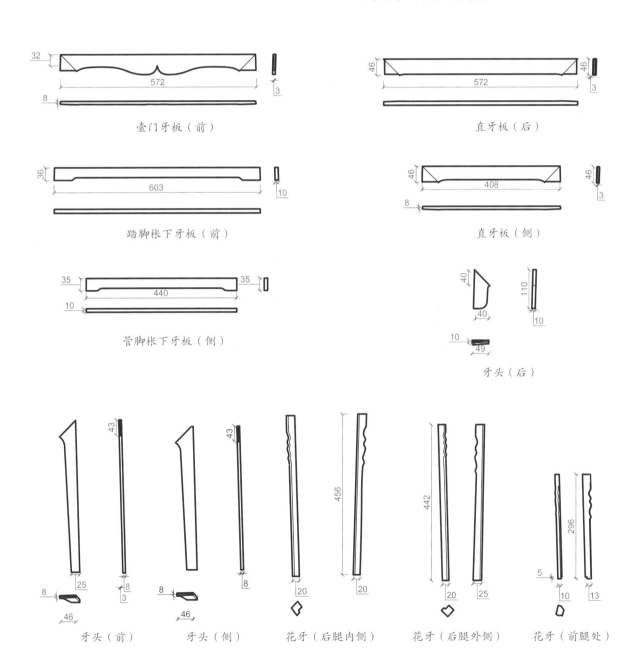

壶门牙板（前）

直牙板（后）

踏脚枨下牙板（前）

直牙板（侧）

管脚枨下牙板（侧）

牙头（后）

牙头（前）　　牙头（侧）　　花牙（后腿内侧）　　花牙（后腿外侧）　　花牙（前腿处）

细部结构—牙子（CAD 图 19 ~ 图 29）

73

双螭如意纹圈椅

材质：黄花梨

年款：明

整体外观（效果图1）

1. 器形点评

　　此椅椅圈为圆婉的弧形，自搭脑向两侧扶手一顺而下，至扶手尽端形成鳝鱼头状，光素滑润。靠背立柱与两腿一木连做，贯通上下。联帮棍采用弯材制作，鹅脖装云纹角牙。靠背板呈S形，分三段装板，上部浮雕如意云纹开光，开光内浮雕双螭纹，中部光素，下有云纹亮脚。椅盘之下，正面与左右两侧装壶门券口牙子。四条腿外圆内方，微向外展，形成挓角，足端安步步高管脚枨。

2. CAD 图示

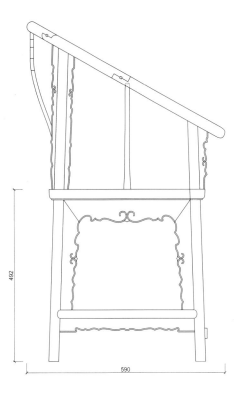

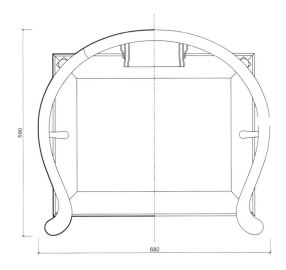

三视结构（CAD 图 1）

注：视图中部分纹饰略去。

3. 用材效果

用材效果（材质：紫檀；效果图 2）

用材效果（材质：黄花梨；效果图 3）

用材效果（材质：红酸枝；效果图 4）

4. 结构爆炸

结构爆炸（效果图 5）

5. 部件示意

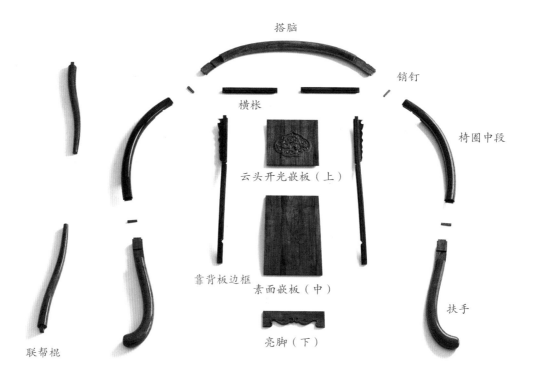

搭脑

横枨

销钉

椅圈中段

云头开光嵌板（上）

靠背板边框

素面嵌板（中）

扶手

联帮棍

亮脚（下）

部件示意—椅圈和靠背（效果图 6）

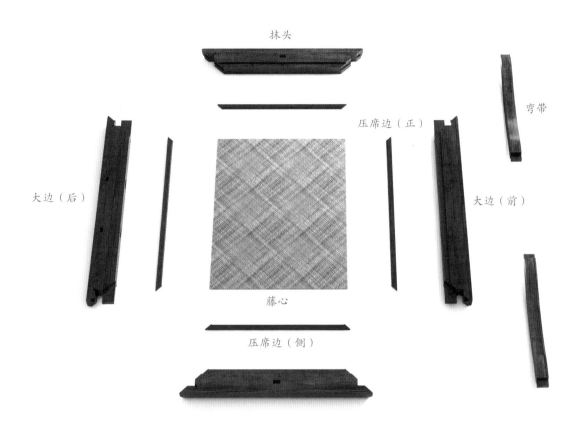

抹头

弯带

压席边（正）

大边（后）

大边（前）

藤心

压席边（侧）

部件示意—座面（效果图 7）

花牙（后腿内侧）

花牙（前腿处）

花牙（后腿外侧）

直牙板（后）

壶门牙板（侧）

壶门牙板（前）

牙头（正）

牙头（侧）

部件示意—牙子（效果图 8）

踏脚枨（前）

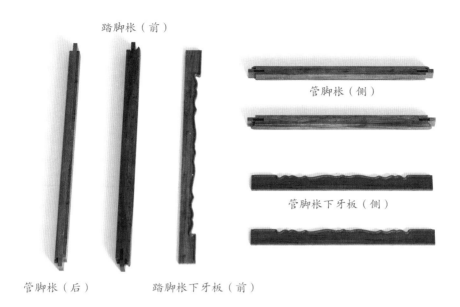

管脚枨（侧）

管脚枨下牙板（侧）

管脚枨（后）　踏脚枨下牙板（前）

部件示意—管脚枨和其下牙板（效果图 9）

后腿

前腿

部件示意—腿子（效果图 10）

81

6. 细部详解

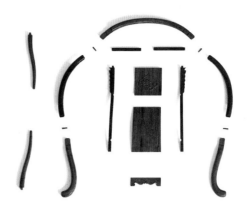

细部效果—椅圈和靠背（效果图 11）

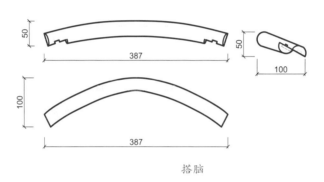

搭脑

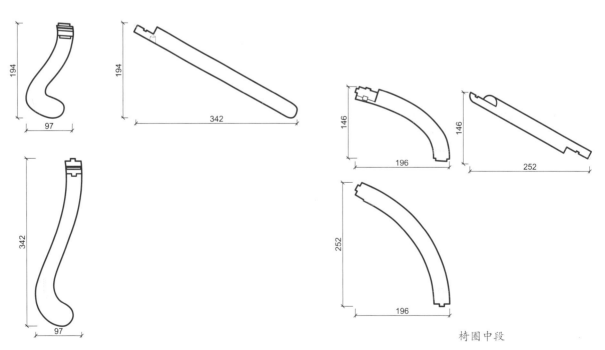

扶手

椅圈中段

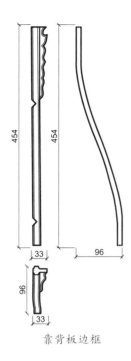

靠背板边框

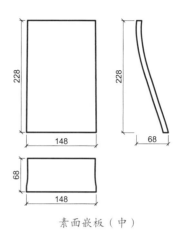

素面嵌板（中）

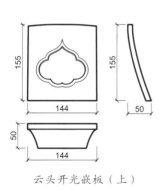

云头开光嵌板（上）

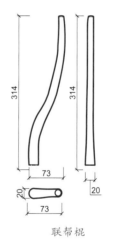

联帮棍

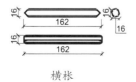

横枨

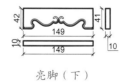

亮脚（下）

细部结构—椅圈和靠背（CAD 图 2～图 10）

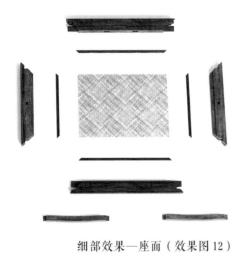

细部效果—座面（效果图 12）

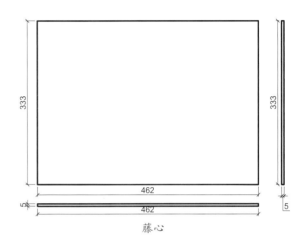

藤心

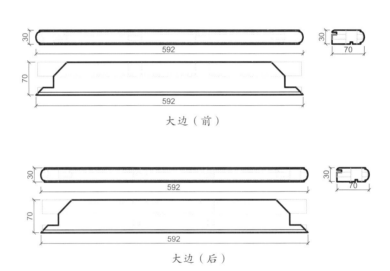

大边（前）

大边（后）

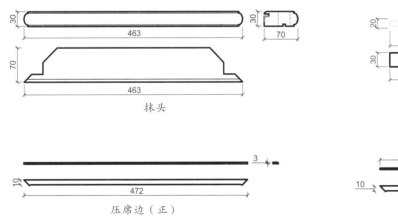

抹头

压席边（正）

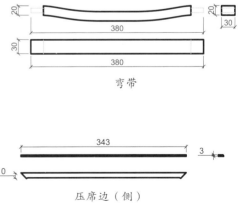

弯带

压席边（侧）

细部结构—座面（CAD 图 11 ~ 图 17）

细部效果—牙子（效果图 13）

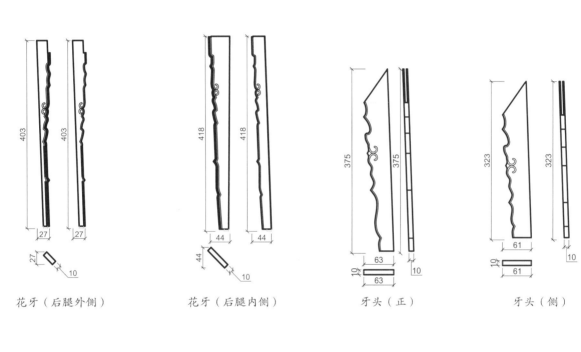

花牙（后腿外侧）　　　　花牙（后腿内侧）　　　　牙头（正）　　　　牙头（侧）

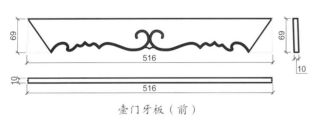

壶门牙板（前）

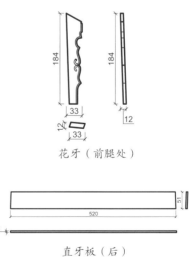

花牙（前腿处）

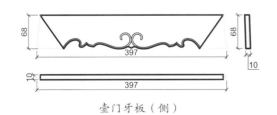

壶门牙板（侧）

直牙板（后）

细部结构—牙子（CAD 图 18 ~ 图 25）

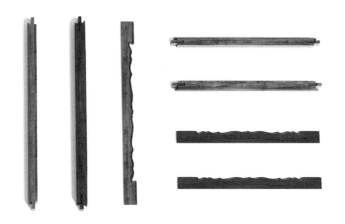

细部效果—管脚枨和其下牙板（效果图 14）

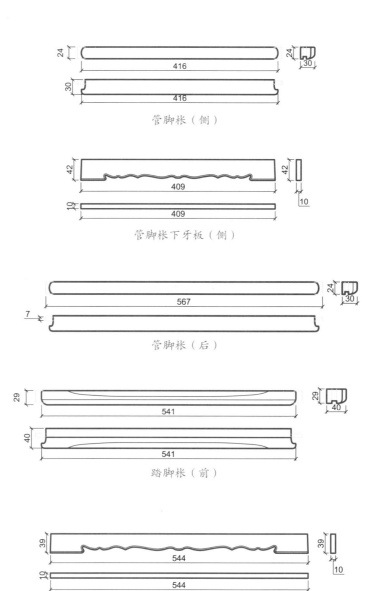

管脚枨（侧）

管脚枨下牙板（侧）

管脚枨（后）

踏脚枨（前）

踏脚枨下牙板（前）

细部结构—管脚枨和其下牙板（CAD 图 26 ～ 图 30）

细部效果—腿子（效果图 15）

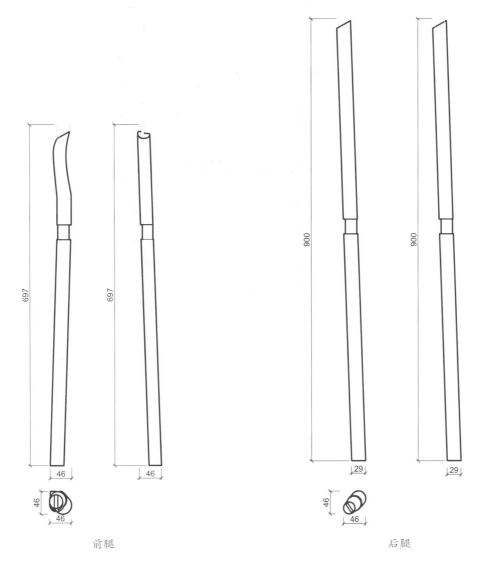

前腿

后腿

细部结构—腿子（CAD 图 31 ～ 图 32 ）

透雕番草纹有束腰圈椅

材质：红酸枝

年款：清

整体外观（效果图1）

1. 器形点评

    此圈椅椅圈五接，为圆弧形。靠背板为内弓C形，靠背立柱与后两腿为一木连做。靠背板分三段攒绦环板，上段开有透雕番草纹开光，中段光素，下段为云纹亮脚。靠背板上下均装透雕番草纹角牙。扶手尽端出头处雕出向上翻卷的卷叶纹，鹅脖与扶手相交处装云纹托角牙。椅盘攒框打槽，中装木板贴席。鼓腿彭牙，足端雕成内翻番草纹，足下踩托泥。此椅造型上圆下方，方圆结合，又在靠背两侧及扶手尽端装饰花牙，略施粉黛，富有变化，美观耐看。

2. CAD 图示

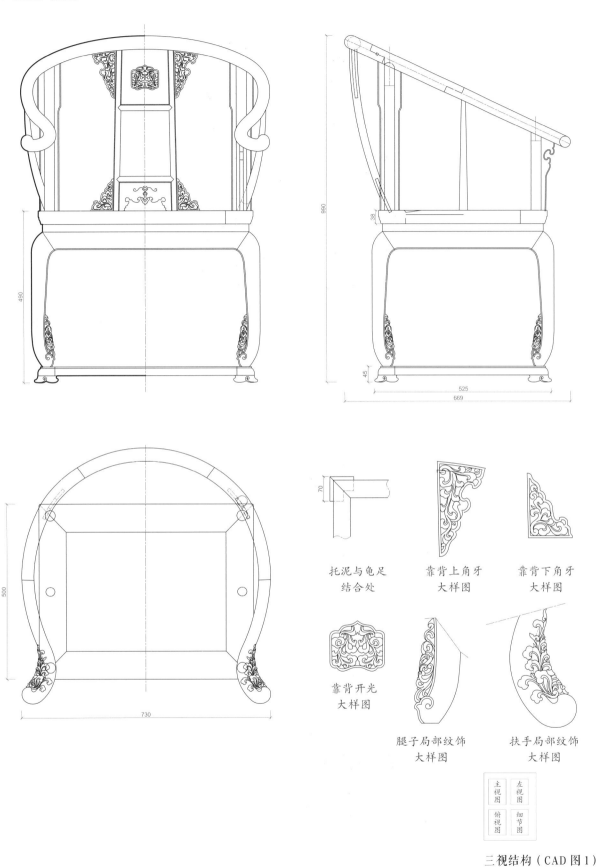

490

990

38

45

525

669

500

730

70

托泥与龟足
结合处

靠背上角牙
大样图

靠背下角牙
大样图

靠背开光
大样图

腿子局部纹饰
大样图

扶手局部纹饰
大样图

主视图 | 左视图
俯视图 | 细节图

三视结构（CAD 图 1）

3. 用材效果

用材效果（材质：紫檀；效果图 2）

用材效果（材质：黄花梨；效果图 3）

用材效果（材质：红酸枝；效果图 4）

4. 结构爆炸

结构爆炸（效果图 5）

5. 部件示意

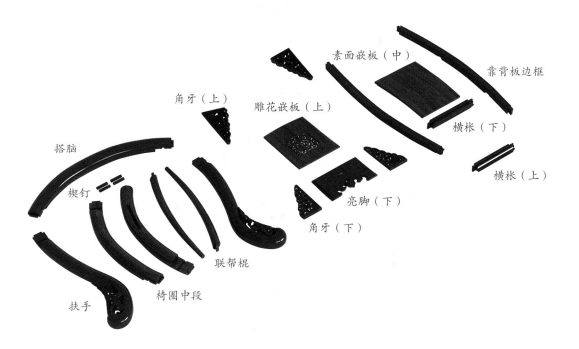

角牙（上）

素面嵌板（中）

靠背板边框

雕花嵌板（上）

搭脑

横枨（下）

楔钉

横枨（上）

亮脚（下）

联帮棍

角牙（下）

椅圈中段

扶手

部件示意—椅圈和靠背（效果图 6）

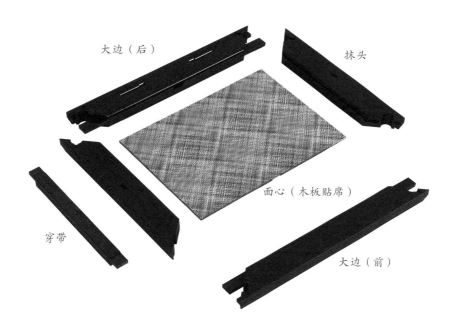

大边（后）

抹头

穿带

面心（木板贴席）

大边（前）

部件示意—座面（效果图 7）

牙板（侧）

牙板（正）

束腰（侧）

束腰（正）

部件示意—牙板和束腰（效果图 8）

龟足

托泥抹头

托泥大边

部件示意—托泥和龟足（效果图 9）

94

后腿　　　前腿

挂牙（后腿内侧）

挂牙（后腿外侧）

挂牙（前腿处）

部件示意—腿子和其他（效果图10）

6. 细部详解

细部效果—椅圈和靠背（效果图 11）

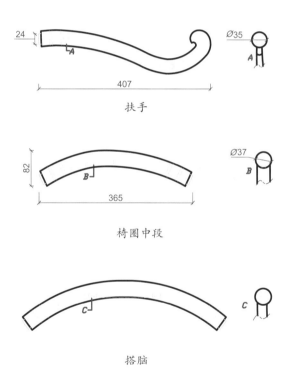

扶手

椅圈中段

搭脑

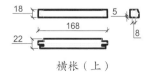

横枨（上）

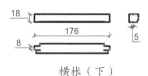

横枨（下）

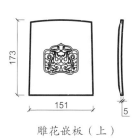

雕花嵌板（上）

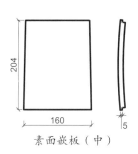

素面嵌板（中）

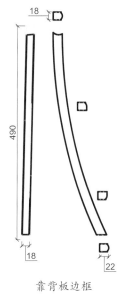

靠背板边框

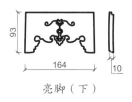

亮脚（下）

角牙（上）

角牙（下）

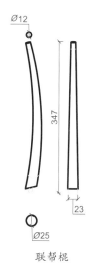

联帮棍

细部结构—椅圈和靠背（CAD 图 2 ~ 图 13）

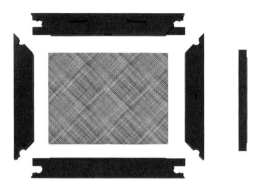

细部效果—座面（效果图 12）

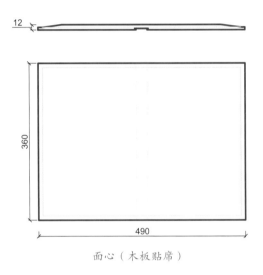

12

360

490

面心（木板贴席）

10

16

32

400

穿带

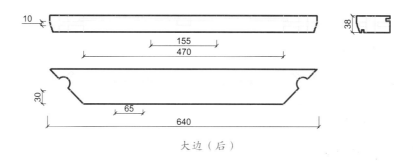

大边（后）

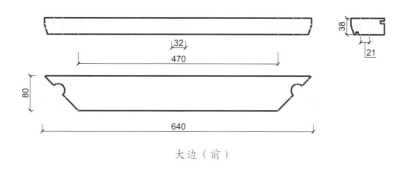

大边（前）

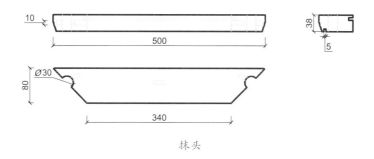

抹头

细部结构—座面（CAD 图 14 ~ 图 18）

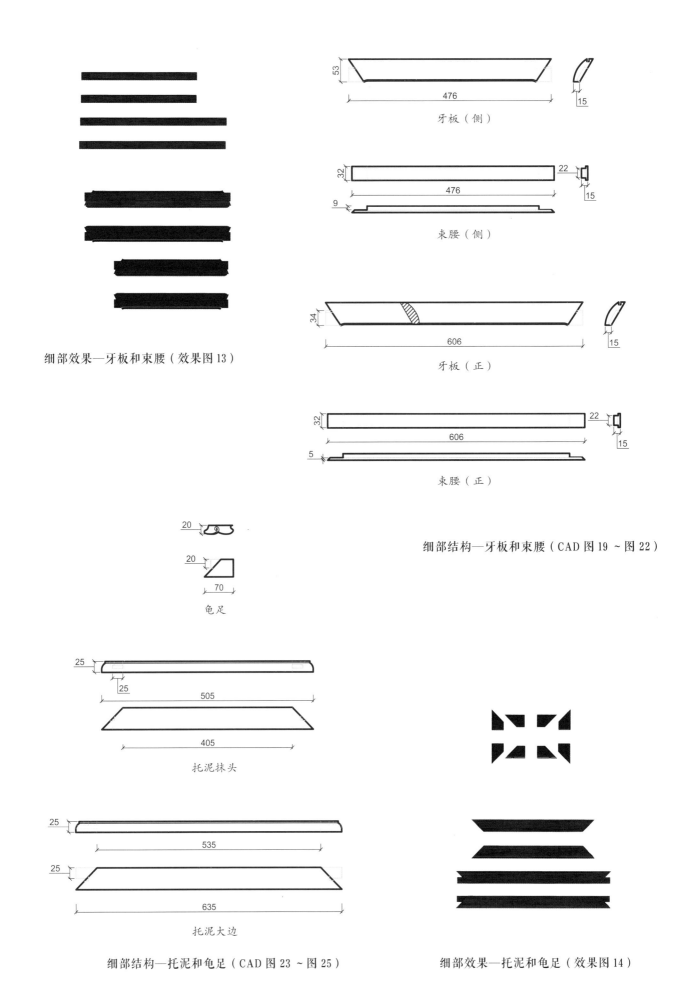

细部效果—牙板和束腰（效果图 13）

牙板（侧）

束腰（侧）

牙板（正）

束腰（正）

细部结构—牙板和束腰（CAD 图 19 ~ 图 22）

龟足

托泥抹头

托泥大边

细部结构—托泥和龟足（CAD 图 23 ~ 图 25）

细部效果—托泥和龟足（效果图 14）

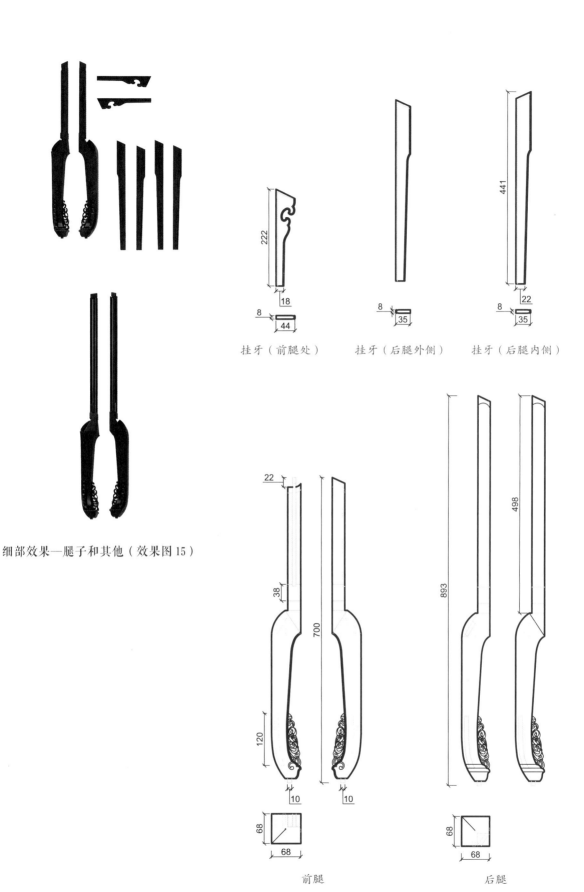

细部效果—腿子和其他（效果图 15）

挂牙（前腿处）　　挂牙（后腿外侧）　　挂牙（后腿内侧）

前腿　　　　　　　　后腿

细部结构—腿子和其他（CAD 图 26 ～ 图 30）

竹节纹圈椅

材质：黄花梨

年款：明

整体外观（效果图1）

1. 器形点评

　　此圈椅的椅圈采用弧形圆材，分五段攒接而成。鹅脖及联帮棍亦为弯材制成，圆润委婉，线条流畅。靠背板亦为弯材制作，呈现S形曲线，靠背板上浮雕如意云纹，靠背板边框两侧雕竹节纹，靠背板下方与座面相交处装有弓背牙子。座面中镶藤屉，座面边沿雕成竹节纹。座面下与正面两腿之间装壶门券口牙板，牙板上浮雕卷草纹。四腿为圆材，略外展，四腿的足端安步步高管脚枨，踏脚枨下装壶门牙板，起到加固作用。

2. CAD 图示

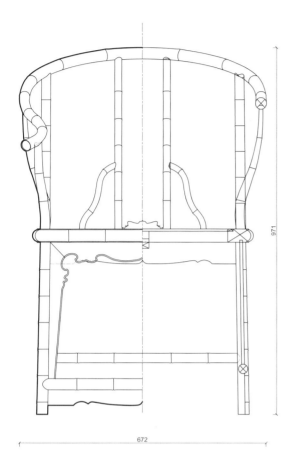

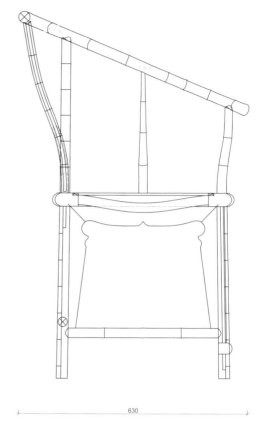

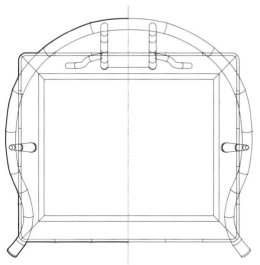

971

672

630

三视结构（CAD 图 1）

注：视图中部分纹饰略去。

3. 用材效果

用材效果（材质：紫檀；效果图 2 ）

用材效果（材质：黄花梨；效果图 3 ）

用材效果（材质：红酸枝；效果图 4 ）

4. 结构爆炸

结构爆炸（效果图 5）

5. 部件示意

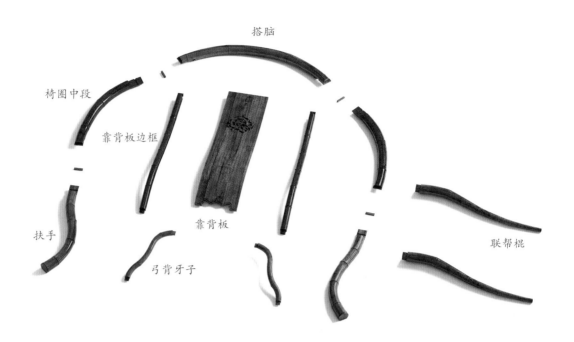

搭脑

椅圈中段

靠背板边框

扶手

靠背板

弓背牙子

联帮棍

部件示意—椅圈和靠背（效果图 6）

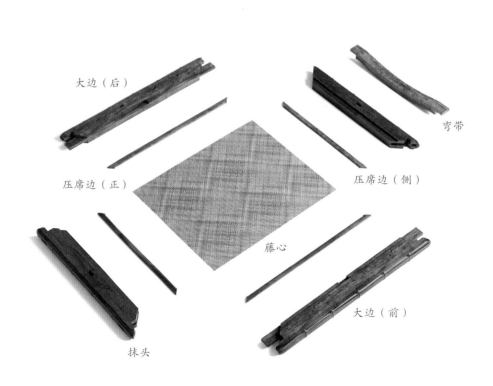

大边（后）

弯带

压席边（正）

压席边（侧）

藤心

大边（前）

抹头

部件示意—座面（效果图 7）

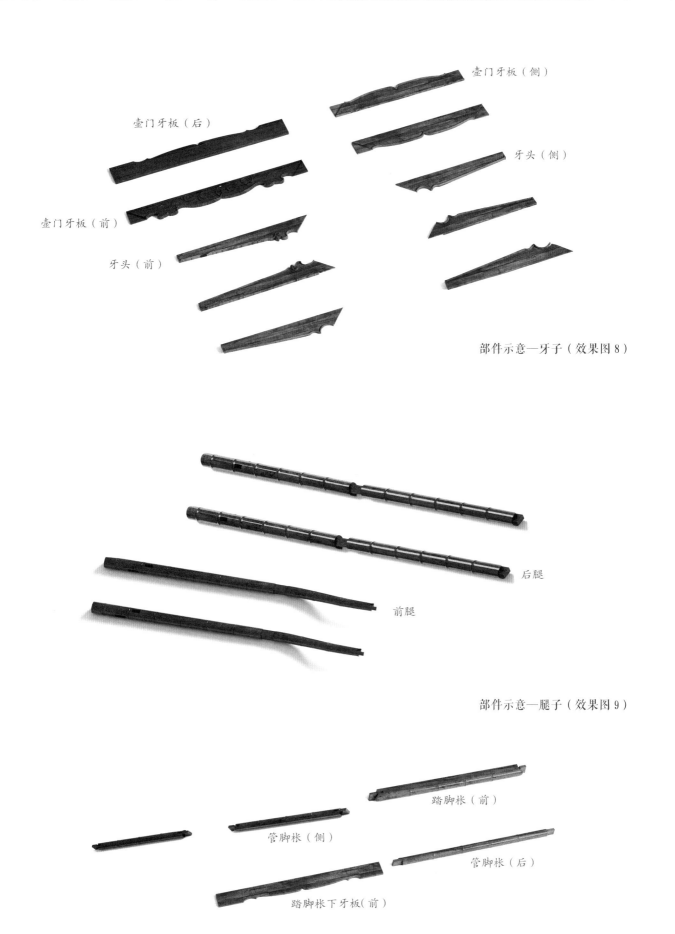

壶门牙板（侧）

壶门牙板（后）

牙头（侧）

壶门牙板（前）

牙头（前）

部件示意—牙子（效果图 8）

后腿

前腿

部件示意—腿子（效果图 9）

踏脚枨（前）

管脚枨（侧）

管脚枨（后）

踏脚枨下牙板（前）

部件示意—管脚枨和其下牙板（效果图 10）

6. 细部详解

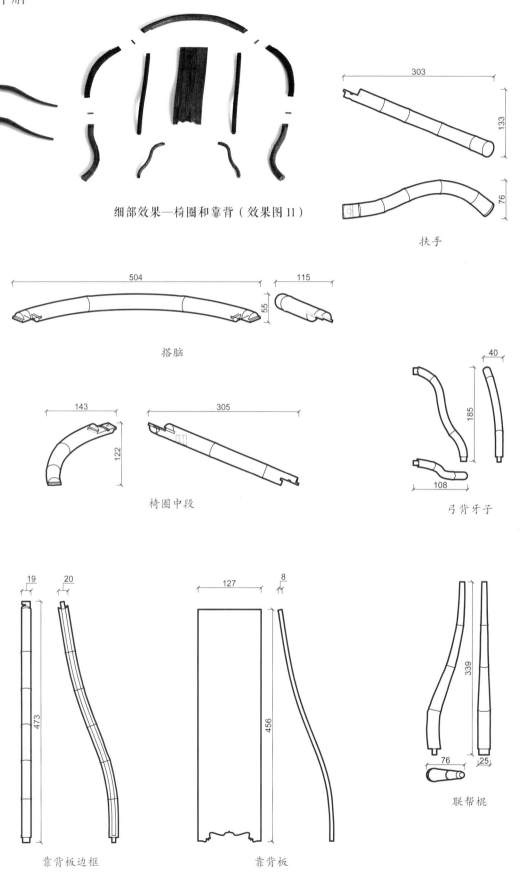

细部效果—椅圈和靠背（效果图 11）

扶手

搭脑

椅圈中段

弓背牙子

联帮棍

靠背板边框

靠背板

细部结构—椅圈和靠背（CAD 图 2 ~ 图 8）

细部效果—牙子（效果图12）

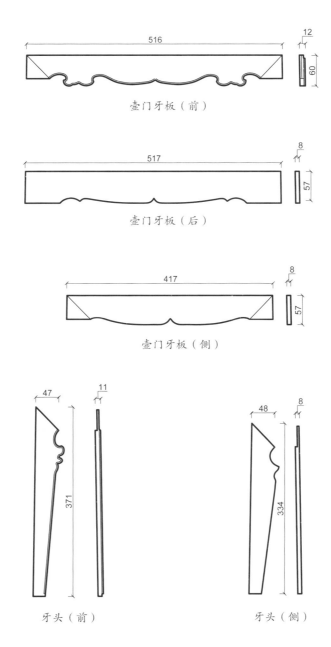

516 12 60
壶门牙板（前）

517 8 57
壶门牙板（后）

417 8 57
壶门牙板（侧）

47 11 371
牙头（前）

48 8 334
牙头（侧）

细部结构—牙子（CAD图9～图13）

细部效果—座面（效果图13）

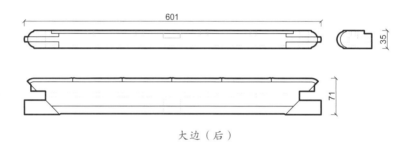

大边（后）

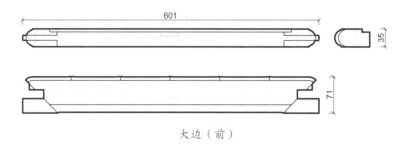

大边（前）

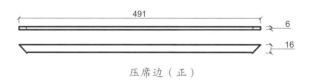

压席边（正）

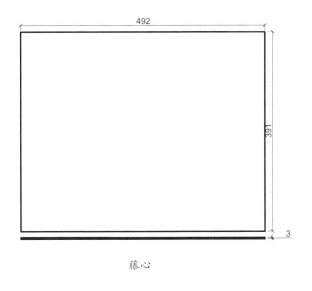

藤心

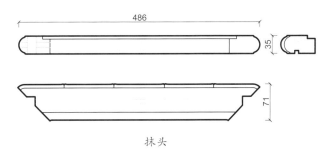

抹头

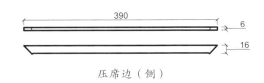

压席边（侧）

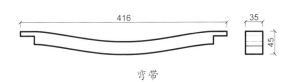

弯带

细部结构—座面（CAD 图 14 ~ 图 20）

细部效果—管脚枨和其下牙板（效果图 14）

踏脚枨（前）

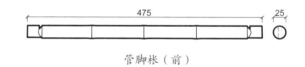

管脚枨（前）

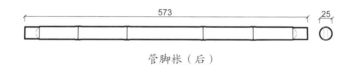

管脚枨（后）

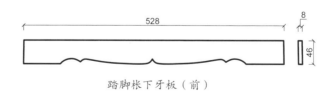

踏脚枨下牙板（前）

细部结构—管脚枨和其下牙板（CAD 图 21 ~ 图 24）

112

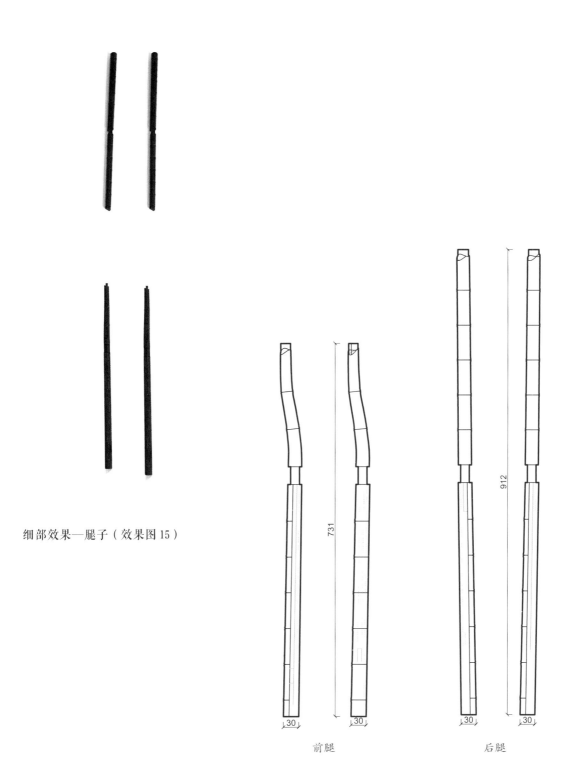

细部效果—腿子（效果图 15）

731

912

30 30 30 30

前腿   后腿

细部结构—腿子（CAD 图 25 ~ 图 26）

六方形如意云头透光南官帽椅

材质：黄花梨

丰款：明

整体外观（效果图1）

1. 器形点评

此椅为南官帽椅的变体。搭脑、扶手及座面边沿均为劈料做法。靠背板
分三段攒框打槽装板，上开如意云头透光，中为素板，下有云纹亮脚。两侧
扶手边框之下装有两个弯材制成的联帮棍。座面为六边形，下安券口牙板。
六腿之间装管脚枨，亦为劈料做。此椅造型舒朗大方，以优美的弧形弯材和
云纹透光、亮脚略做点缀，装饰无多但恰到好处，颇显端庄大气。

2. CAD 图示

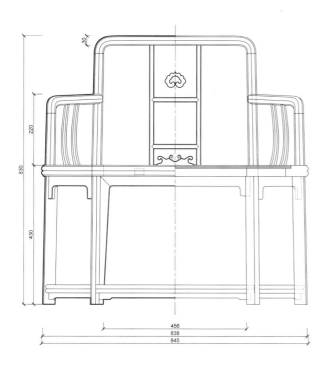

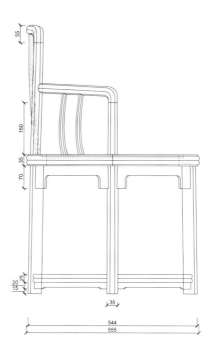

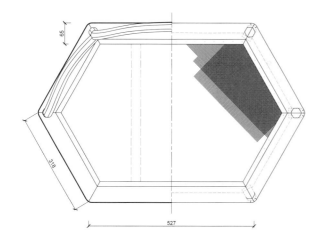

云纹透光大样图

云纹亮脚大样图

三视结构（CAD 图 1）

3. 用材效果

用材效果（材质：紫檀；效果图 2）

用材效果（材质：黄花梨；效果图 3）

用材效果（材质：红酸枝；效果图 4）

4. 结构爆炸

结构爆炸（效果图 5）

5. 部件示意

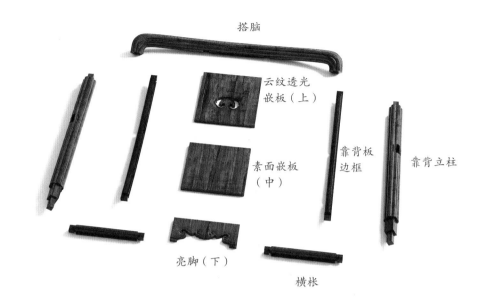

搭脑

云纹透光
嵌板（上）

素面嵌板
（中）

靠背板
边框

靠背立柱

亮脚（下）

横枨

部件示意—搭脑和靠背（效果图6）

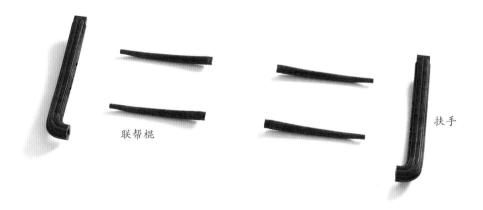

联帮棍

扶手

部件示意—扶手和联帮棍（效果图7）

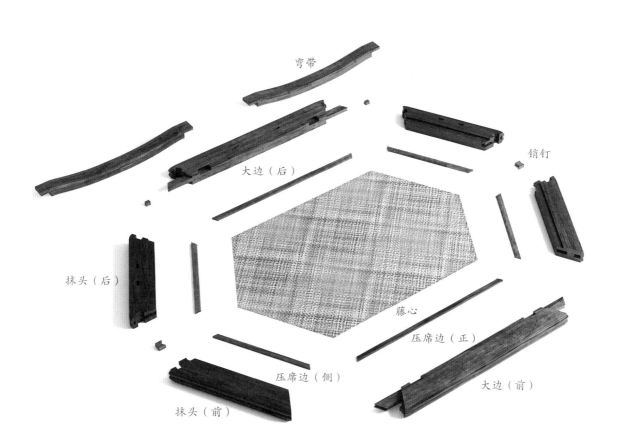

弯带

大边（后）

销钉

抹头（后）

藤心

压席边（正）

压席边（侧）

大边（前）

抹头（前）

部件示意—座面（效果图 8）

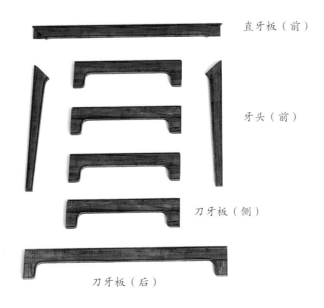

直牙板（前）

牙头（前）

刀牙板（侧）

刀牙板（后）

部件示意—牙子（效果图 9）

短腿（后）

短腿（前）

长腿

部件示意—腿子（效果图 10）

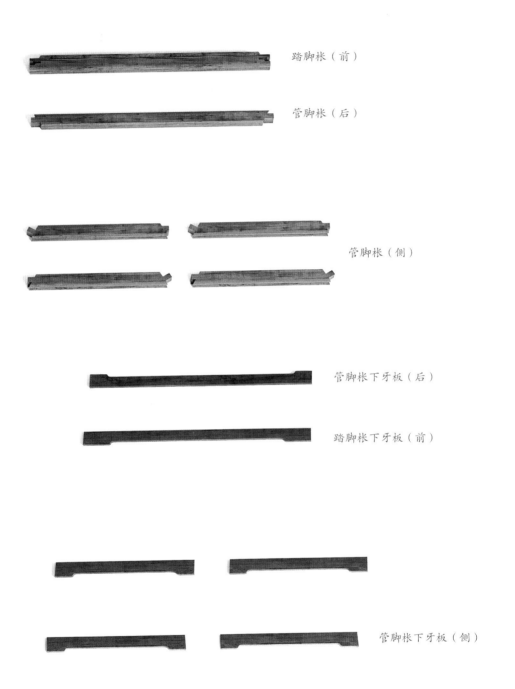

踏脚枨（前）

管脚枨（后）

管脚枨（侧）

管脚枨下牙板（后）

踏脚枨下牙板（前）

管脚枨下牙板（侧）

部件示意—管脚枨和其下牙板（效果图11）

6. 细部详解

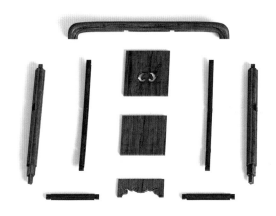

细部效果—搭脑和靠背（效果图 12）

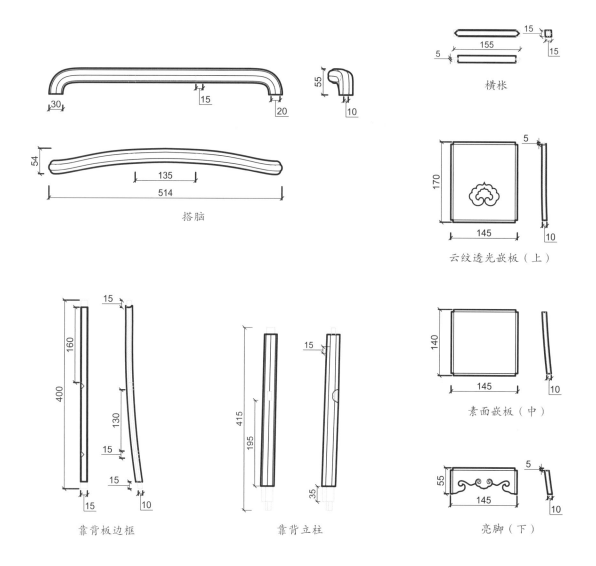

横枨

云纹透光嵌板（上）

素面嵌板（中）

搭脑

靠背板边框

靠背立柱

亮脚（下）

细部结构—搭脑和靠背（CAD 图 2 ~ 图 8）

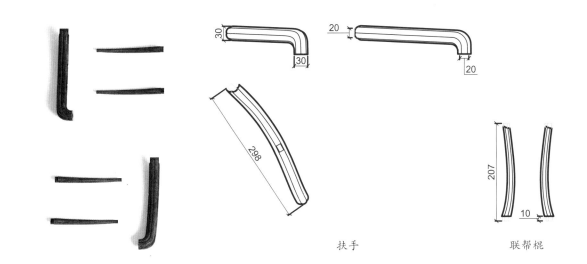

细部效果—扶手和联帮棍（效果图 13）

扶手

联帮棍

细部结构—扶手和联帮棍（CAD 图 9 ~ 图 10）

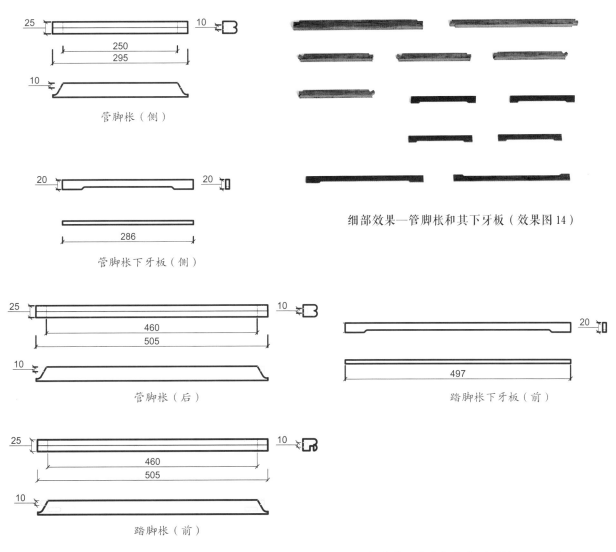

管脚枨（侧）

管脚枨下牙板（侧）

管脚枨（后）

踏脚枨（前）

细部效果—管脚枨和其下牙板（效果图 14）

踏脚枨下牙板（前）

细部结构—管脚枨和其下牙板（CAD 图 11 ~ 图 15）

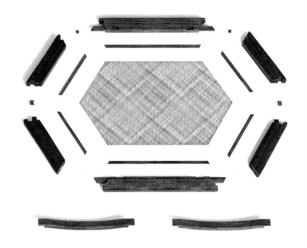

细部效果—座面（效果图15）

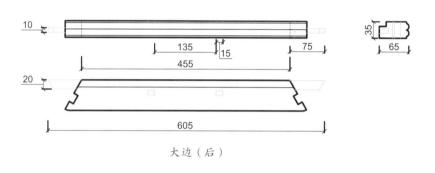

大边（后）

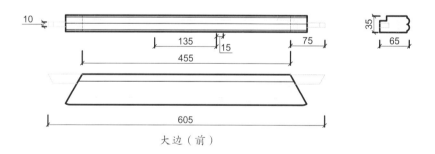

大边（前）

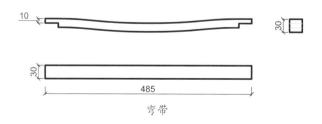

弯带

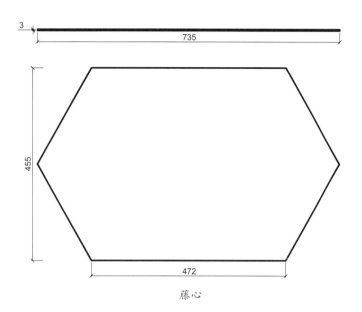

藤心

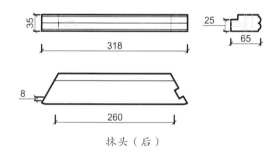

抹头（后）

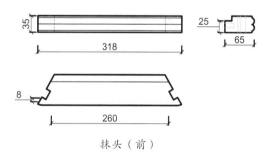

抹头（前）

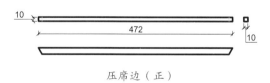

压席边（正）

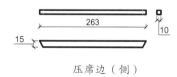

压席边（侧）

细部结构—座面（CAD 图 16 ~ 图 23）

125

细部效果—牙子（效果图 16）

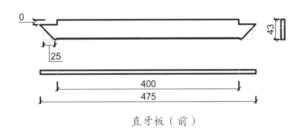

直牙板（前）

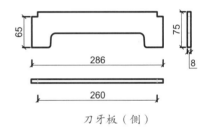

刀牙板（侧）

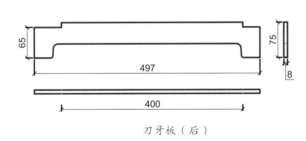

刀牙板（后）

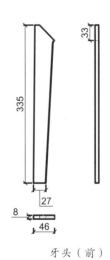

牙头（前）

细部结构—牙子（CAD 图 24 ~ 图 27）

细部效果—腿子（效果图 17）

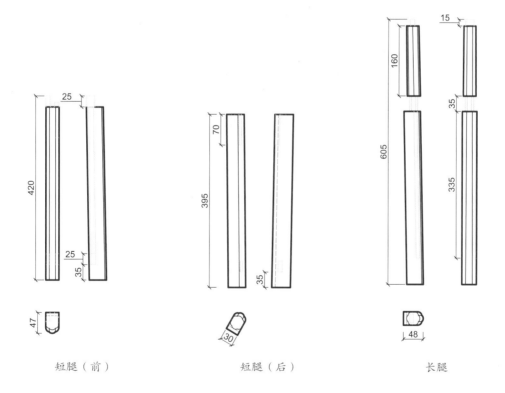

短腿（前）　　　　短腿（后）　　　　长腿

细部结构—腿子（CAD 图 28 ~ 图 30）

细部结构—腿子（CAD 图 28 ~ 图 30）

127

罗锅枨加矮老四出头官帽椅

材质：黄花梨

丰款：明

整体外观（效果图 1）

1. 器形点评

  此官帽椅搭脑中部高起，两端弯曲上翘。扶手、鹅脖及联帮棍均采用弧形弯材制作，圆润委婉。靠背板光素，呈 S 形。座面落堂做，边抹冰盘沿线脚。四腿为圆材，直下，四腿上端安罗锅枨，罗锅枨上装矮老。足部安步步高管脚枨。此椅做工精湛，造型简练明快，线条流畅自然，有一种玉树临风的韵味。

2. CAD 图示

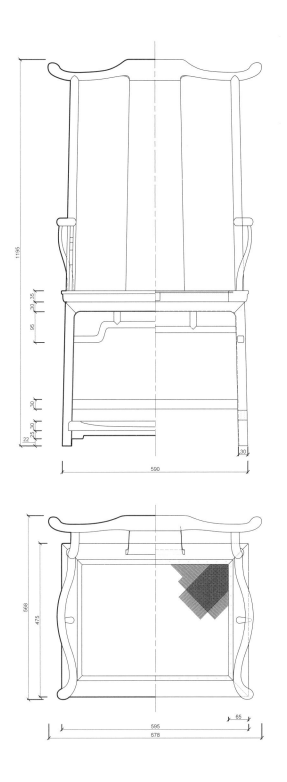

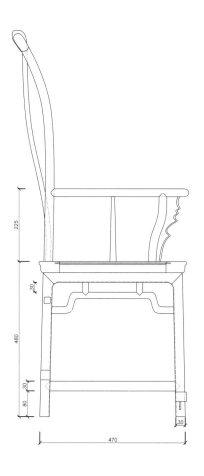

三视结构（CAD 图 1）

3. 用材效果

用材效果（材质：紫檀；效果图2）

用材效果（材质：黄花梨；效果图3）

用材效果（材质：红酸枝；效果图4）

4. 结构爆炸

结构爆炸（效果图 5）

5. 部件示意

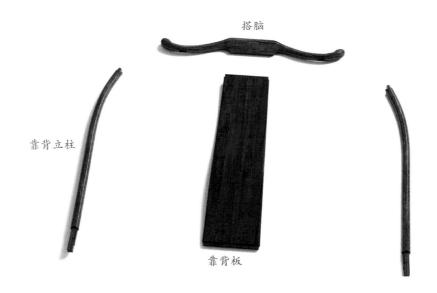

搭脑

靠背立柱

靠背板

部件示意—搭脑和靠背（效果图 6）

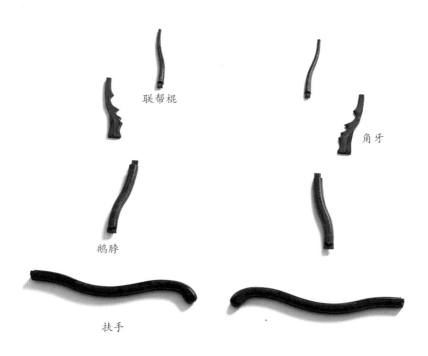

联帮棍

角牙

鹅脖

扶手

部件示意—扶手和其他（效果图 7）

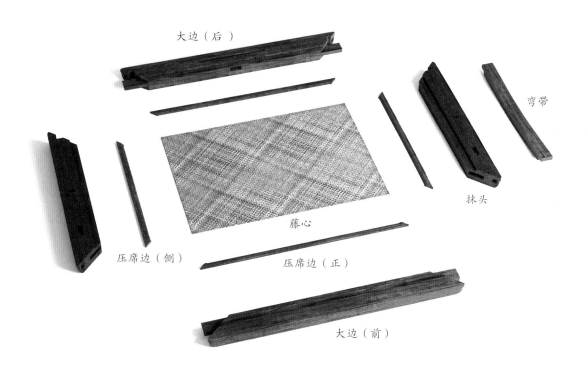

大边（后）

弯带

抹头

压席边（侧）

藤心

压席边（正）

大边（前）

部件示意—座面（效果图 8）

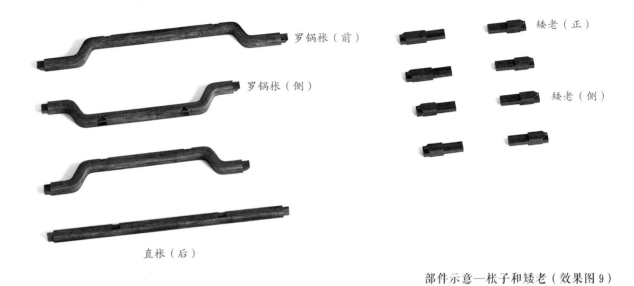

罗锅枨（前）

罗锅枨（侧）

直枨（后）

矮老（正）

矮老（侧）

部件示意—枨子和矮老（效果图 9）

牙板（侧）

牙板（正）

部件示意—牙板（效果图 10）

后腿　　　　　　　　　　　　　　前腿

部件示意—腿子（效果图11）

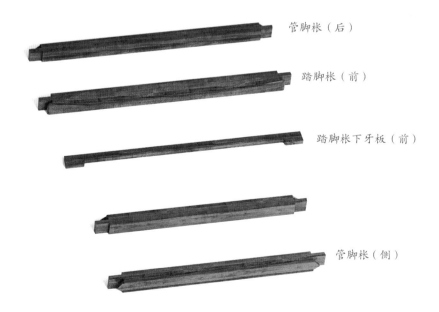

管脚枨（后）

踏脚枨（前）

踏脚枨下牙板（前）

管脚枨（侧）

部件示意—管脚枨和其下牙板（效果图12）

6. 细部详解

细部效果—搭脑和靠背（效果图 13）

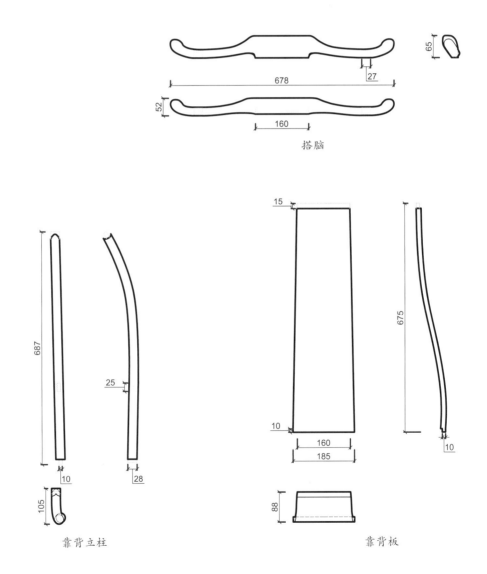

搭脑

靠背立柱

靠背板

细部效果—扶手和其他（效果图 14）

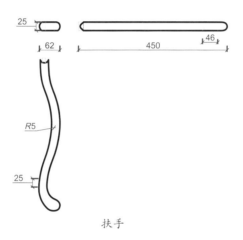

扶手

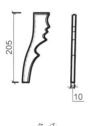

角牙

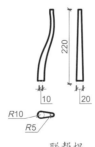

联帮棍

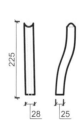

鹅脖

细部效果—枨子和矮老（效果图 15）

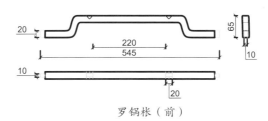

罗锅枨（前）

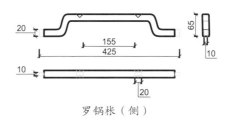

罗锅枨（侧）

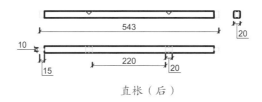

直枨（后）

矮老（正）　　矮老（侧）

细部效果—座面（效果图 16）

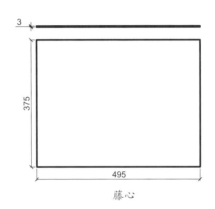

藤心

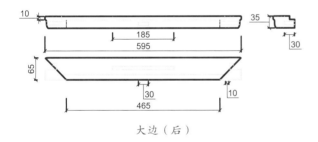

大边（后）

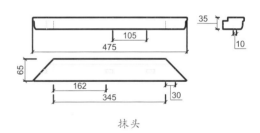

抹头

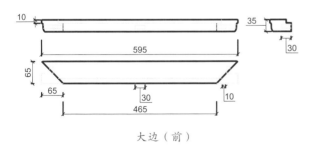

大边（前）

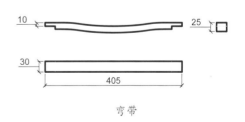

弯带

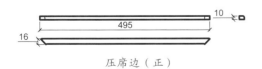

压席边（正）

压席边（侧）

细部结构—座面（CAD 图 14 ~ 图 20）

细部效果—管脚枨和其下牙板（效果图 17）

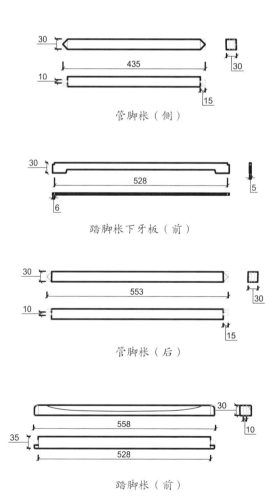

管脚枨（侧）

踏脚枨下牙板（前）

管脚枨（后）

踏脚枨（前）

细部效果—牙子（效果图 18）

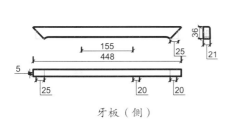

牙板（侧）

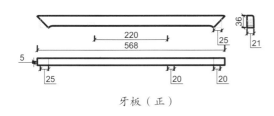

牙板（正）

细部结构—牙子（CAD 图 25 ~ 图 26）

细部效果—腿子（效果图 19）

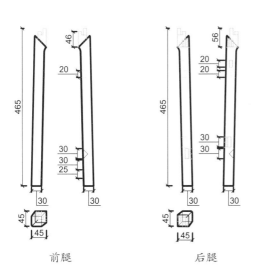

前腿　　　　后腿

细部结构—腿子（CAD 图 27 ~ 图 28）

凸形亮脚南官帽椅

材质：黄花梨

年款：明

整体外观（效果图1）

1. 器形点评

此椅采用弧形方材制作。搭脑中间高两端低，两端与椅后腿相交处装有云纹角牙。靠背板光素，下有凸形亮脚。两侧扶手及联帮棍均由弯材制成。藤心座面之下装券口牙板，落在下部的管脚枨之上。此椅通体光素，线条简洁，在花纹装饰上有明式家具不事雕饰的风格，但是线脚处理上却颇有棱角，造型质朴大方。

2. CAD 图示

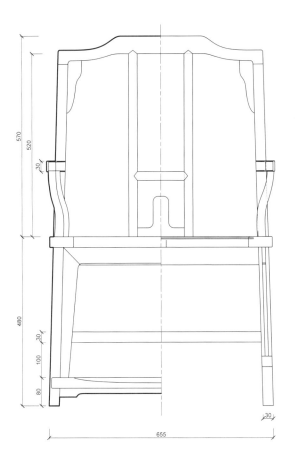

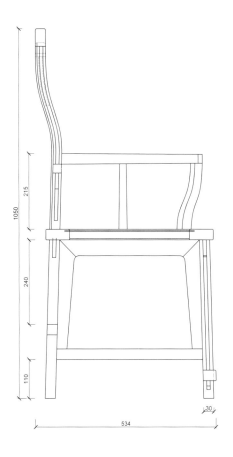

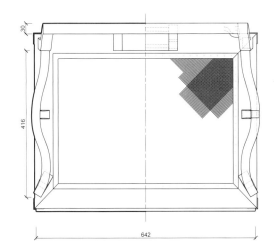

三视结构（CAD 图 1）

3. 用材效果

用材效果（材质：紫檀；效果图 2）

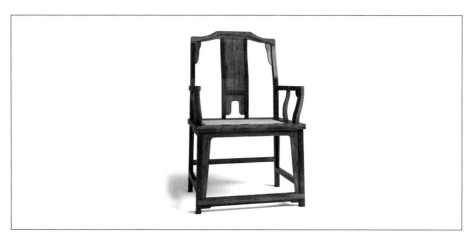

用材效果（材质：黄花梨；效果图 3）

用材效果（材质：红酸枝；效果图 4）

4. 结构爆炸

结构爆炸（效果图 5）

5. 部件示意

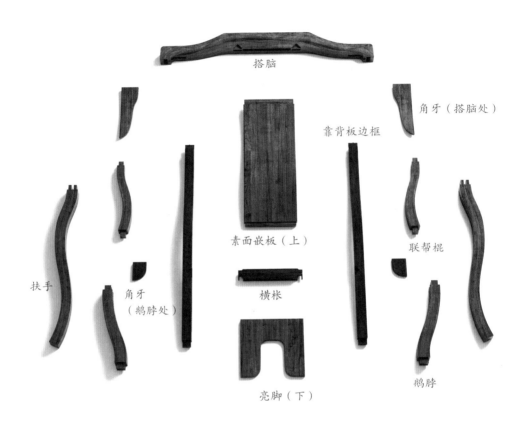

搭脑

角牙（搭脑处）

靠背板边框

素面嵌板（上）

联帮棍

扶手

角牙
（鹅脖处）

横枨

亮脚（下）

鹅脖

部件示意—靠背和扶手（效果图6）

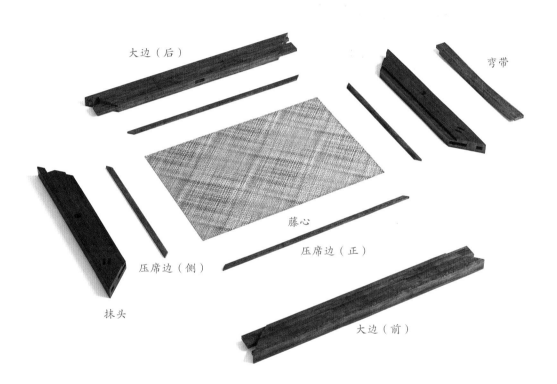

大边（后）

弯带

藤心

压席边（正）

压席边（侧）

抹头

大边（前）

部件示意—座面（效果图7）

147

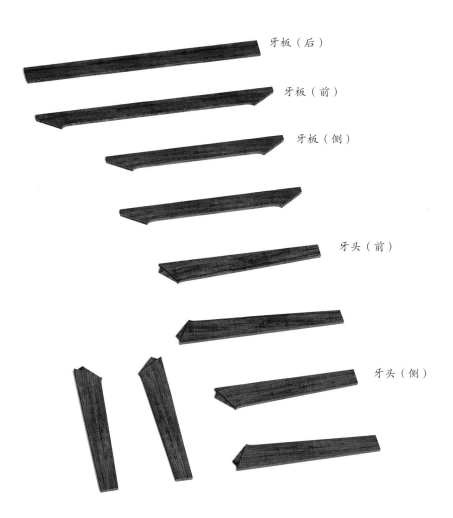

牙板（后）

牙板（前）

牙板（侧）

牙头（前）

牙头（侧）

部件示意—牙子（效果图 8 ）

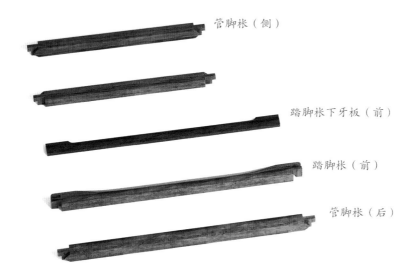

管脚枨（侧）

踏脚枨下牙板（前）

踏脚枨（前）

管脚枨（后）

部件示意—管脚枨和其下牙板（效果图 9）

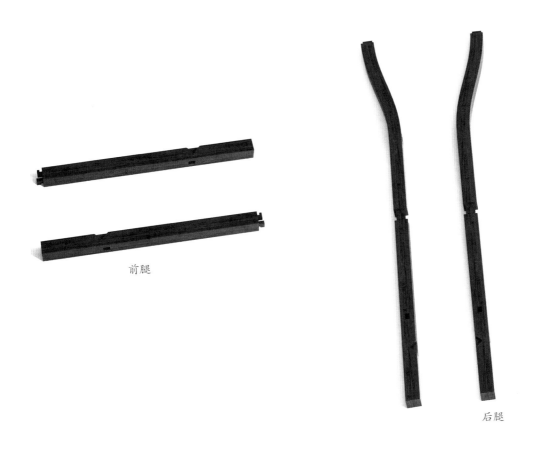

前腿

后腿

部件示意—腿子（效果图 10）

149

6. 细部详解

细部效果—靠背和扶手（效果图 11）

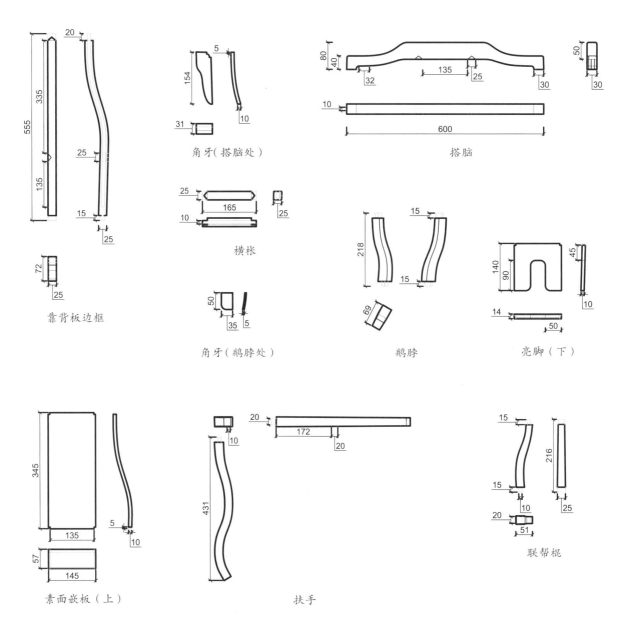

角牙(搭脑处)

搭脑

横枨

角牙(鹅脖处)

鹅脖

亮脚(下)

靠背板边框

素面嵌板（上）

扶手

联帮棍

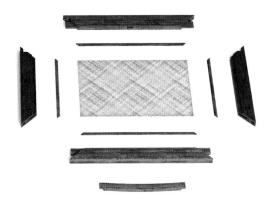

细部效果—座面（效果图 12）

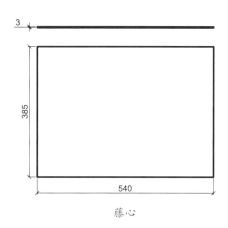

藤心

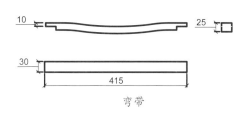

弯带

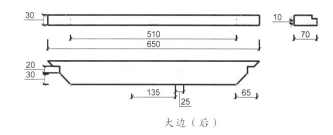

大边（后）

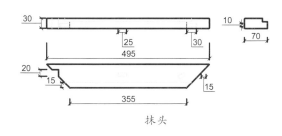

抹头

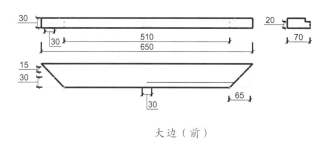

大边（前）

压席边（侧）

压席边（正）

细部结构—座面（CAD 图 12 ~ 图 18）

细部效果—牙子（效果图 13）

牙板（前）

牙板（后）

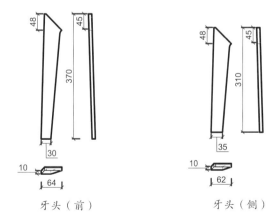

牙头（前）　　　　牙头（侧）

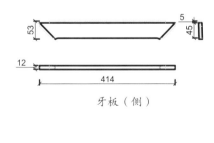

牙板（侧）

细部结构—牙子（CAD 图 19 ~ 图 23）

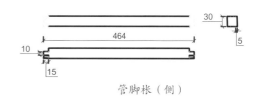

管脚枨（侧）

管脚枨（后）

细部效果—管脚枨和其下牙板（效果图14）

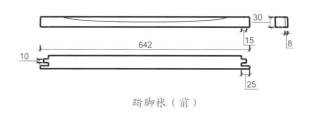

踏脚枨（前）

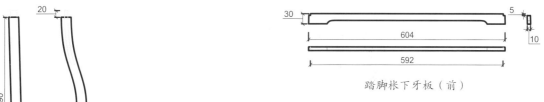

踏脚枨下牙板（前）

细部结构—管脚枨和其下牙板（CAD图24～图27）

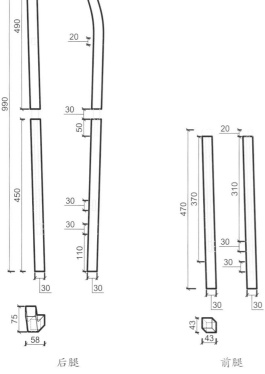

后腿　　　　　　　前腿

细部结构—腿子（CAD图28～图29）

细部效果—腿子（效果图15）

螭龙纹南官帽椅

材质：黄花梨

年款：明

整体外观（效果图1）

1. 器形点评

此椅搭脑成弧形向后弯曲，与后腿上节以挖烟袋锅榫相接。座面之上，靠背及扶手三面装横枨，枨下又施矮老，呈围栏状。座面下，正侧三面装洼堂肚券口牙子。四腿间装步步高管脚枨。此官帽椅造型疏朗通透，线条流畅利落，瘦劲而不失柔和。

2. CAD 图示

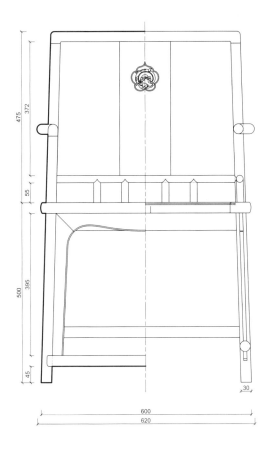

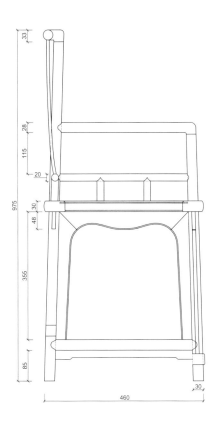

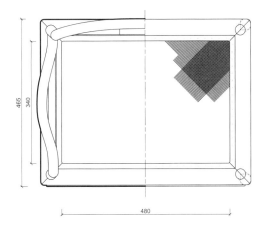

蟠龙纹开光大样图

三视结构（CAD 图 1）

3. 用材效果

用材效果（材质：紫檀；效果图 2）

用材效果（材质：黄花梨；效果图 3）

用材效果（材质：红酸枝；效果图 4）

4. 结构爆炸

结构爆炸（效果图 5）

5. 部件示意

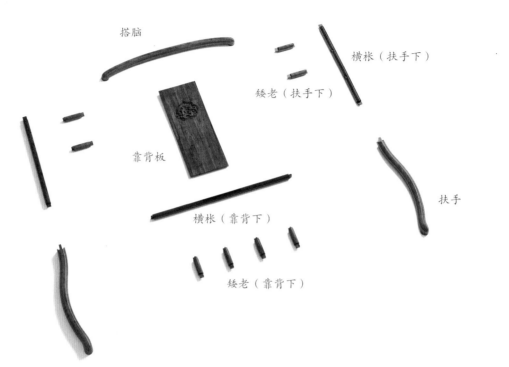

搭脑

横枨（扶手下）

矮老（扶手下）

靠背板

扶手

横枨（靠背下）

矮老（靠背下）

部件示意—靠背和扶手（效果图 6）

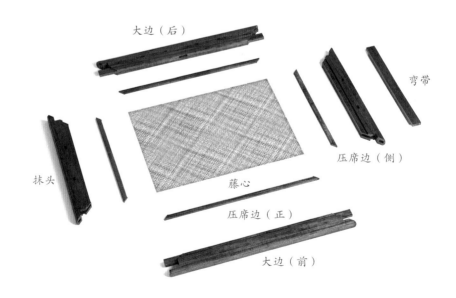

大边（后）

弯带

抹头

压席边（侧）

藤心

压席边（正）

大边（前）

部件示意—座面（效果图 7）

158

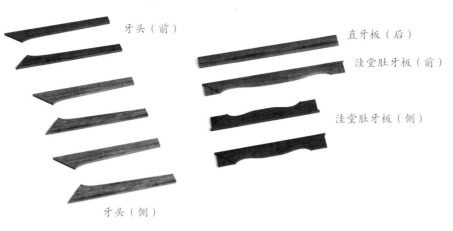

牙头（前）

直牙板（后）

洼堂肚牙板（前）

洼堂肚牙板（侧）

牙头（侧）

部件示意—牙子（效果图8）

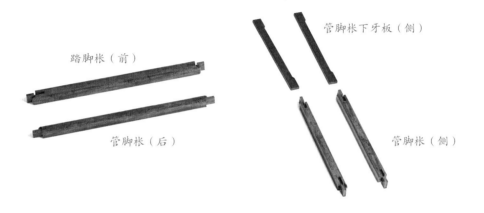

踏脚枨（前）

管脚枨下牙板（侧）

管脚枨（后）

管脚枨（侧）

部件示意—管脚枨和其下牙板（效果图9）

前腿

后腿

部件示意—腿子（效果图10）

6. 细部详解

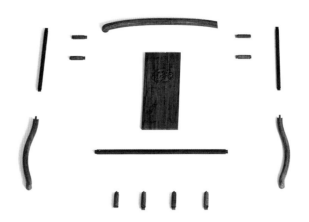

细部效果—靠背和扶手（效果图11）

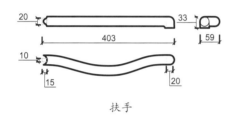

扶手

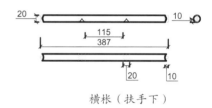

横枨（扶手下）

矮老（扶手下）　　矮老（靠背下）

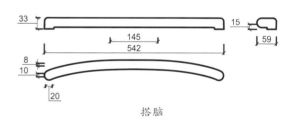

搭脑

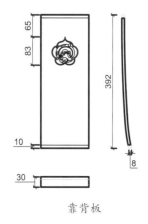

靠背板

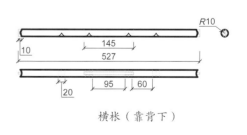

横枨（靠背下）

细部结构—靠背和扶手（CAD图2～图8）

细部效果—座面（效果图 12）

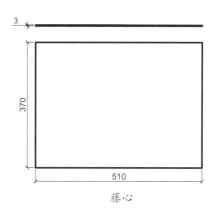

藤心

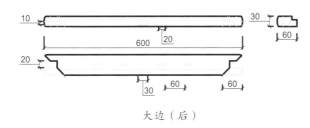

大边（后）

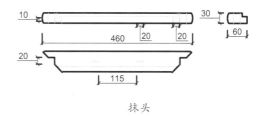

抹头

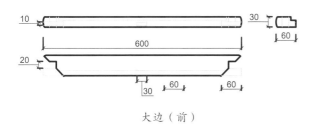

大边（前）

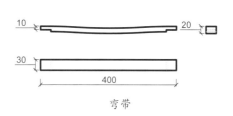

弯带

压席边（正）

压席边（侧）

细部结构—座面（CAD 图 9 ~ 图 15）

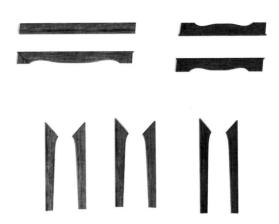

细部效果—牙子（效果图 13）

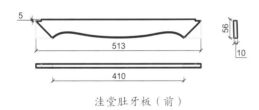

洼堂肚牙板（前）

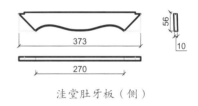

洼堂肚牙板（侧）

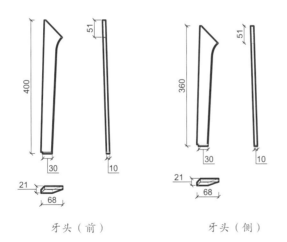

牙头（前）　　　　牙头（侧）

直牙板（后）

细部效果—管脚枨和其下牙板（效果图 14）

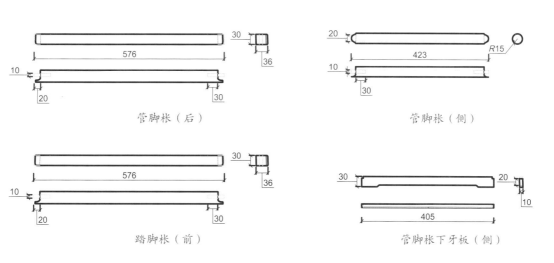

管脚枨（后）

管脚枨（侧）

踏脚枨（前）

管脚枨下牙板（侧）

细部结构—管脚枨和其下牙板（CAD 图 21 ~ 图 24）

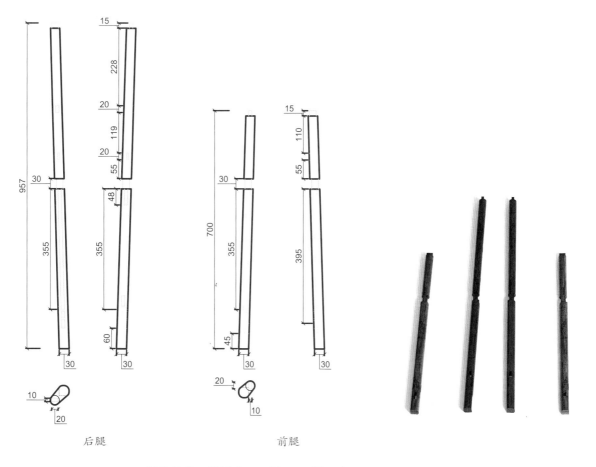

后腿

前腿

细部结构—腿子（CAD 图 25 ~ 图 26）

细部效果—腿子（效果图 15）

藤心南官帽椅

材质：黄花梨

年款：明

整体外观（效果图1）

1. 器形点评

　　此椅靠背板、扶手、鹅脖以及联帮棍均用弧形圆材制作，委婉圆润，线条柔和。座面之下装罗锅枨加矮老，四腿外挓。前面及两侧足端施双枨，上下枨间施矮老。整件家具造型洗练，简素无饰，突出了优美的线条和比例合理的结构。

2. CAD 图示

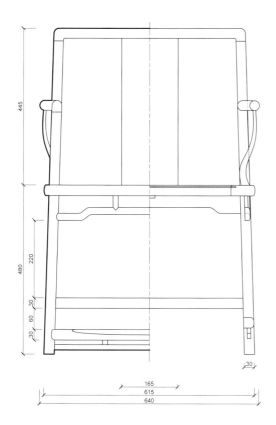

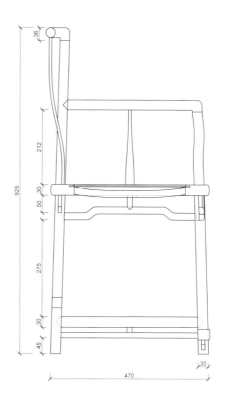

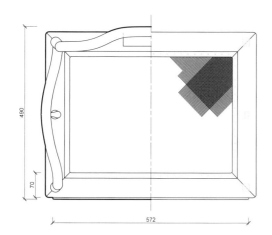

三视结构（CAD 图 1）

3. 用材效果

用材效果（材质：紫檀；效果图 2）

用材效果（材质：黄花梨；效果图 3）

用材效果（材质：红酸枝；效果图 4）

4. 结构爆炸

结构爆炸（效果图 5）

5. 部件示意

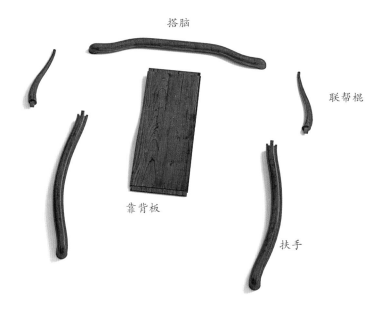

搭脑

联帮棍

靠背板

扶手

部件示意—靠背和扶手（效果图6）

后腿

前腿

部件示意—腿子（效果图7）

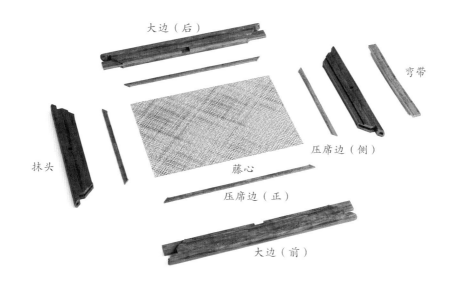

大边（后）

弯带

抹头

压席边（侧）

藤心

压席边（正）

大边（前）

部件示意—座面（效果图8）

矮老

罗锅枨（前）

罗锅枨（侧）

直牙板（后）

部件示意—罗锅枨和牙板（效果图9）

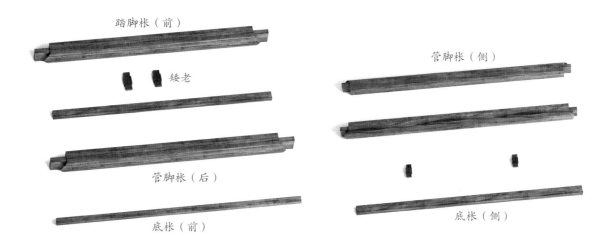

踏脚枨（前）

管脚枨（侧）

矮老

管脚枨（后）

底枨（前）

底枨（侧）

部件示意—管脚枨和其他（效果图10）

6. 细部详解

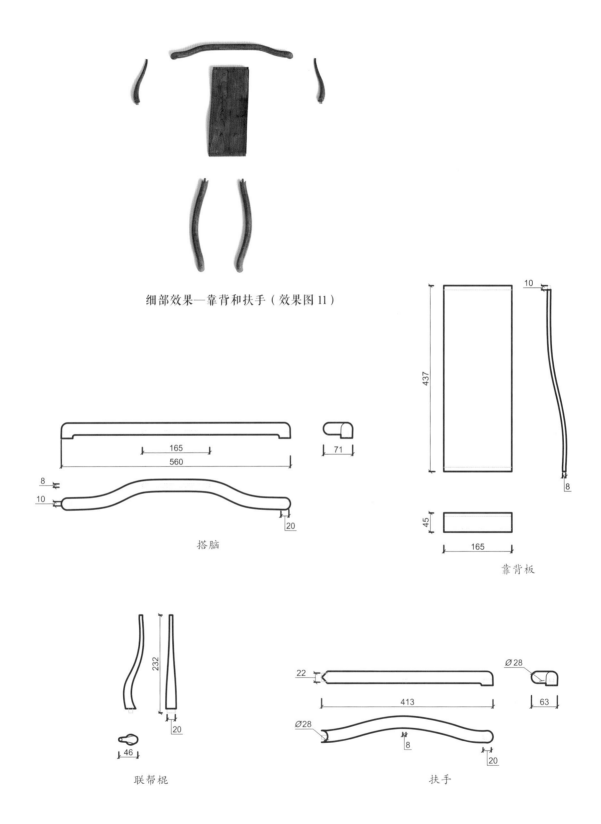

细部效果—靠背和扶手（效果图 11）

搭脑

靠背板

联帮棍

扶手

细部效果—腿子（效果图 12）

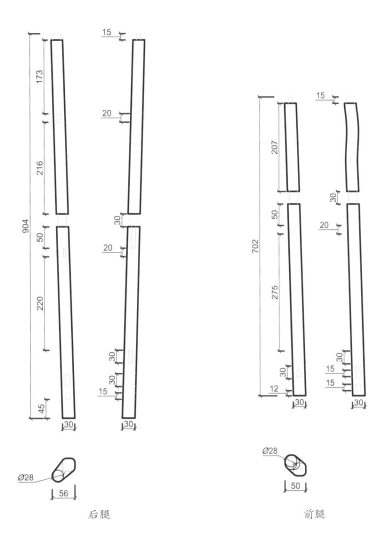

后腿

前腿

细部结构—腿子（CAD 图 6 ~ 图 7）

细部效果—座面（效果图 13）

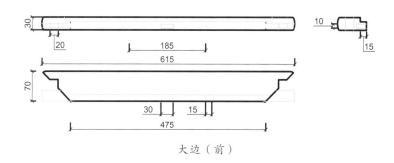

大边（前）

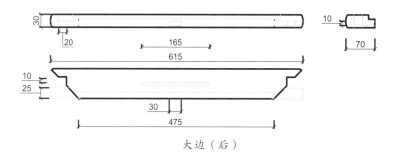

大边（后）

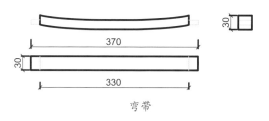

弯带

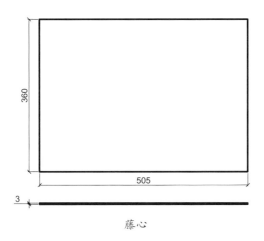

藤心

压席边（正）

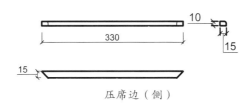

压席边（侧）

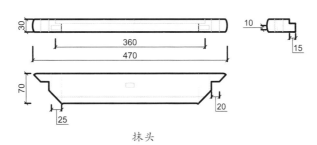

抹头

细部效果—罗锅枨和牙板（效果图 14）

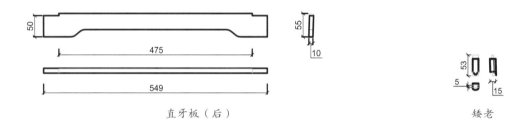

直牙板（后）   矮老

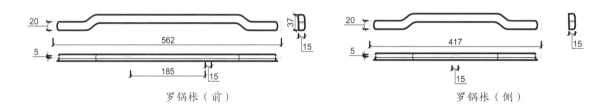

罗锅枨（前）   罗锅枨（侧）

细部结构—罗锅枨和牙板（CAD 图 15 ～ 图 18）

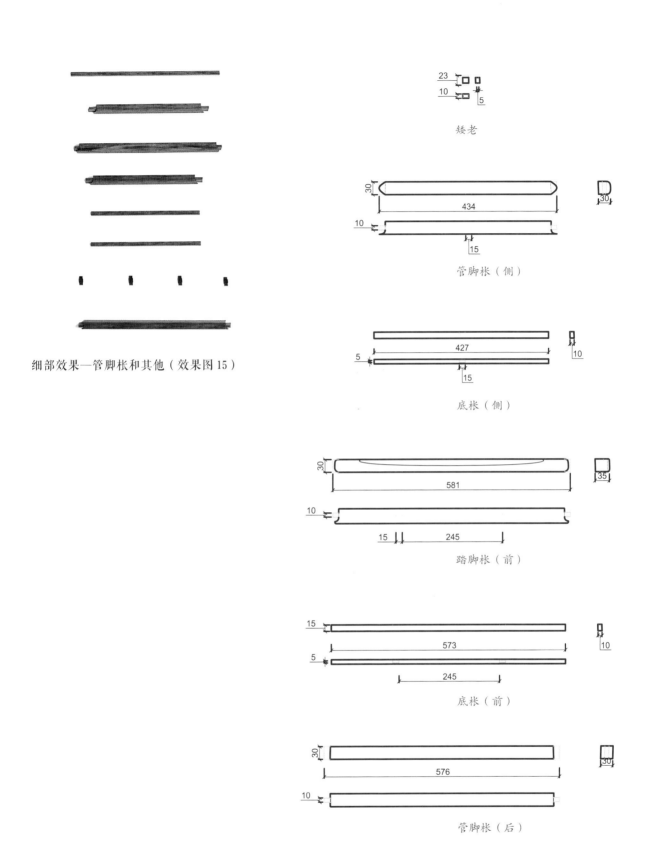

细部效果—管脚枨和其他（效果图 15）

矮老

管脚枨（侧）

底枨（侧）

踏脚枨（前）

底枨（前）

管脚枨（后）

细部结构—管脚枨和其他（CAD 图 19 ~ 图 24）

175

寿字纹南官帽椅

<u>材质：黄花梨</u>

<u>年款：明</u>

整体外观（效果图1）

1. 器形点评

　　此椅搭脑采用弯材，呈中间高两头低的凸字形，与后腿软圆角相交。靠背板分四段攒成，自上而下分别为如意云头透光、浮雕寿字纹、透雕金刚杵纹，最下有亮脚。扶手与座面之间安横枨，下有矮老连接。座面落堂做，下装壶门券口牙子，雕卷草纹，边缘起阳线。圆腿直足，足端装步步高管脚枨。此椅做工精细，线条简练大方，造型轻盈端正。

2. CAD 图示

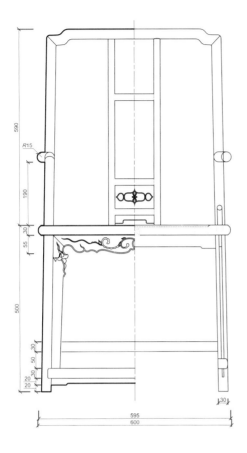

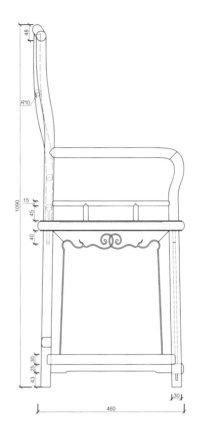

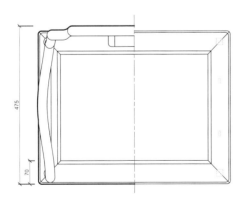

三视结构（CAD 图 1）

注：视图中部分纹饰略去。

3. 用材效果

用材效果（材质：紫檀；效果图 2 ）

用材效果（材质：黄花梨；效果图 3 ）

用材效果（材质：红酸枝；效果图 4 ）

4. 结构爆炸

结构爆炸（效果图 5）

5. 部件示意

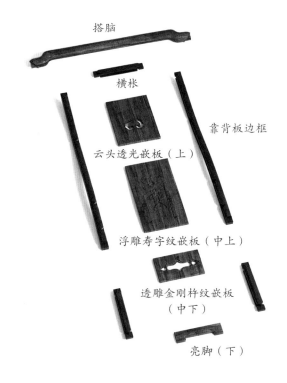

搭脑

横枨

靠背板边框

云头透光嵌板（上）

浮雕寿字纹嵌板（中上）

透雕金刚杵纹嵌板
（中下）

亮脚（下）

部件示意—搭脑和靠背（效果图 6）

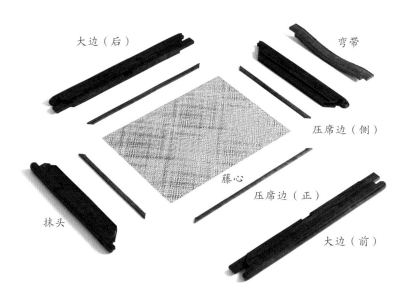

大边（后）

弯带

压席边（侧）

藤心

压席边（正）

抹头

大边（前）

部件示意—座面（效果图 7）

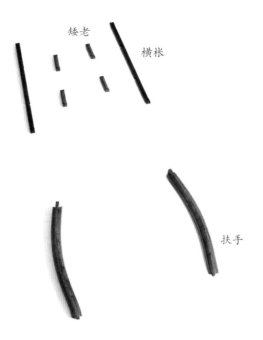

矮老

横枨

扶手

部件示意—扶手（效果图 8 ）

管脚枨（后）

踏脚枨（前）

踏脚枨下牙板（前）

管脚枨下牙板（侧）

管脚枨（侧）

部件示意—管脚枨和其下牙板（效果图 9 ）

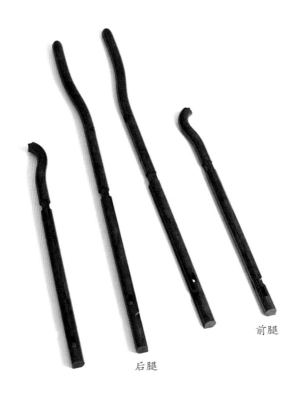

后腿

前腿

部件示意—腿子（效果图 10）

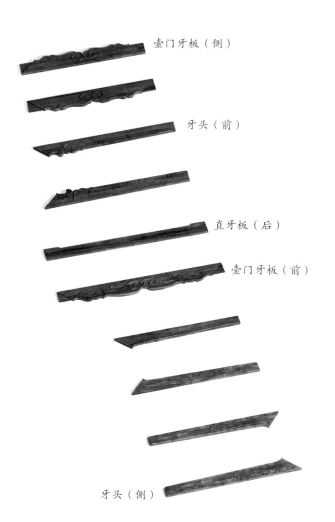

壶门牙板（侧）

牙头（前）

直牙板（后）

壶门牙板（前）

牙头（侧）

部件示意—牙子（效果图11）

6. 细部详解

细部效果—搭脑和靠背（效果图 12）

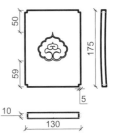

云头透光嵌板（上）

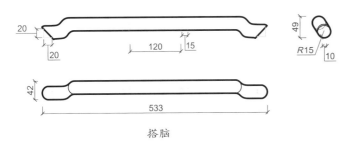

搭脑

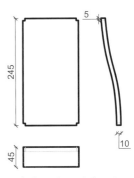

浮雕寿字纹嵌板（中上）

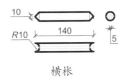

横枨

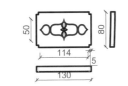

透雕金刚杵纹嵌板（中下）

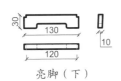

亮脚（下）

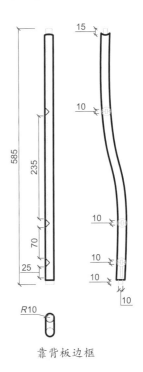

靠背板边框

细部结构—搭脑和靠背（CAD 图 2 ~ 图 8）

184

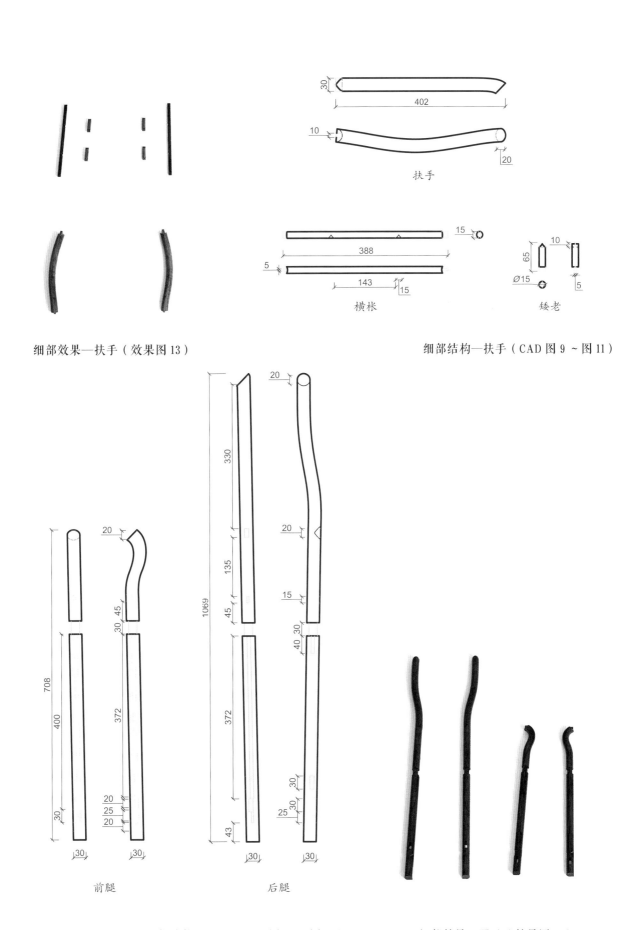

扶手

横枨

矮老

细部效果—扶手（效果图 13）

细部结构—扶手（CAD 图 9 ~ 图 11）

前腿

后腿

细部结构—腿子（CAD 图 12 ~ 图 13）

细部效果—腿子（效果图 14）

细部效果—座面（效果图15）

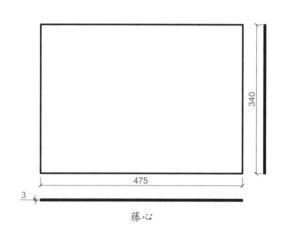

藤心

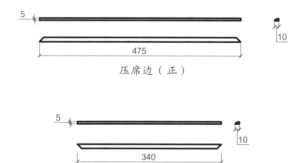

压席边（正）

压席边（侧）

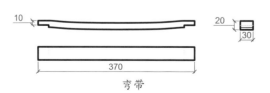

弯带

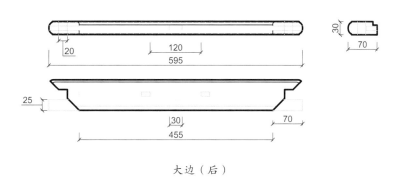

大边（后）

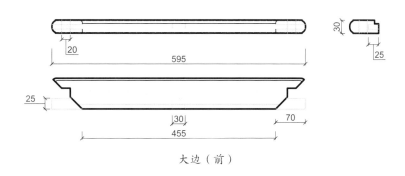

大边（前）

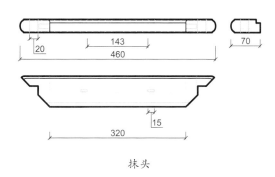

抹头

细部结构—座面（CAD 图 14 ～ 图 20）

细部效果—管脚枨和其下牙板（效果图 16）

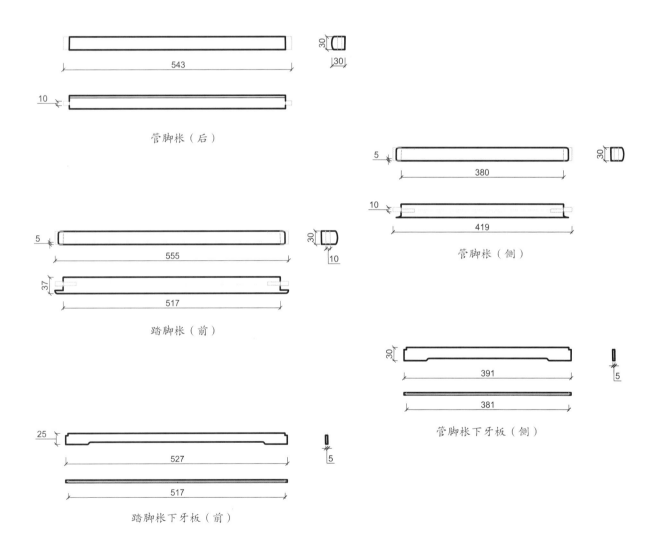

543

30

30

管脚枨（后）

10

5

380

30

10

419

管脚枨（侧）

5

555

30

10

37

517

踏脚枨（前）

30

391

5

381

管脚枨下牙板（侧）

25

527

5

517

踏脚枨下牙板（前）

细部结构—管脚枨和其下牙板（CAD 图 21 ~ 图 25）

细部效果—牙子（效果图 17）

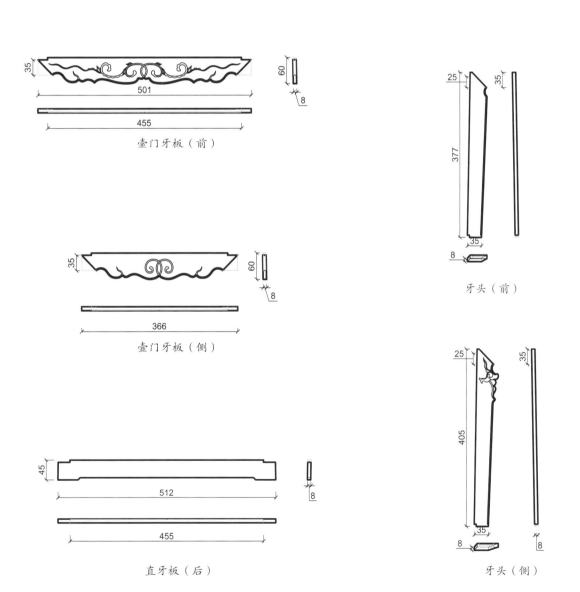

壸门牙板（前）

壸门牙板（侧）

直牙板（后）

牙头（前）

牙头（侧）

细部结构—牙子（CAD 图 26 ~ 图 30）

卷云纹扶手南官帽椅

材质：黄花梨

年款：明

整体外观（效果图1）

1. 器形点评

　　此椅为南官帽椅式样，但又有变化。搭脑为上弓形，与靠背立柱软圆角相交。靠背板弯曲前弓，与靠背立柱弧度一致。两侧扶手颇有特色，直材至前端变为弧材，内卷，做出内翻卷云纹夹圆珠，显得意趣生动。椅盘之下安罗锅枨，枨上与座面之间安矮老。四腿为圆材，圆润饱满，直下落地，足端安步步高管脚枨。

2. CAD 图示

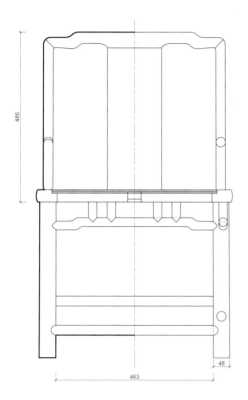

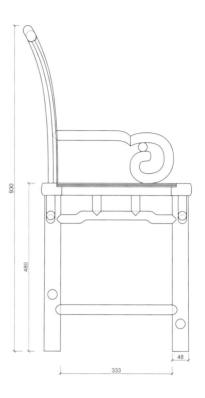

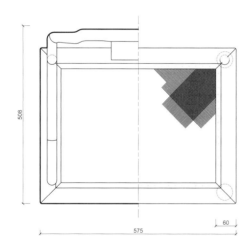

三视结构（CAD 图 1）

191

3. 用材效果

用材效果（材质：紫檀；效果图 2）

用材效果（材质：黄花梨；效果图 3）

用材效果（材质：红酸枝；效果图 4）

4. 结构爆炸

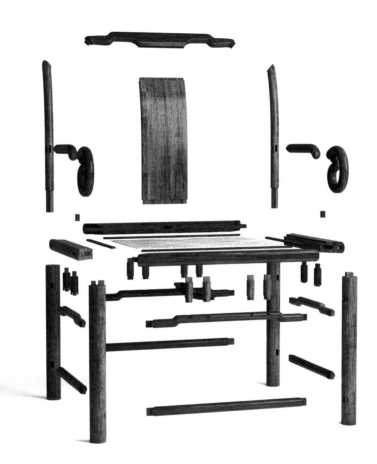

结构爆炸（效果图 5）

5. 部件示意

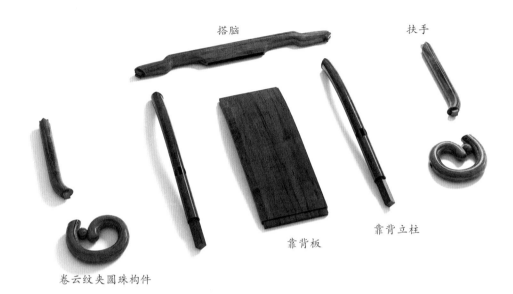

搭脑

扶手

卷云纹夹圆珠构件

靠背板

靠背立柱

部件示意—靠背和扶手（效果图 6）

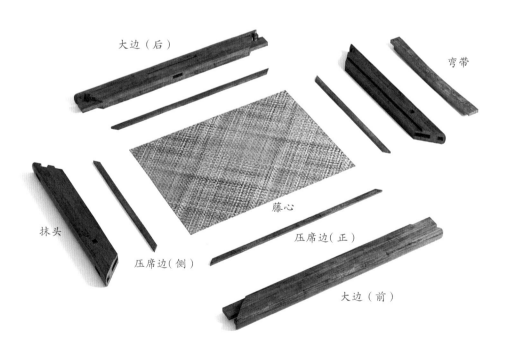

大边（后）

弯带

藤心

抹头

压席边（侧）

压席边（正）

大边（前）

部件示意—座面（效果图 7）

194

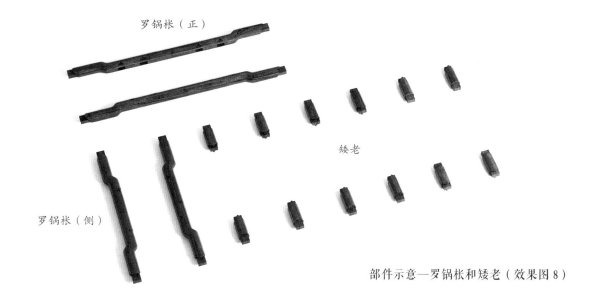

罗锅枨（正）

罗锅枨（侧）

矮老

部件示意—罗锅枨和矮老（效果图 8）

管脚枨（侧）

管脚枨（正）

部件示意—管脚枨（效果图 9）

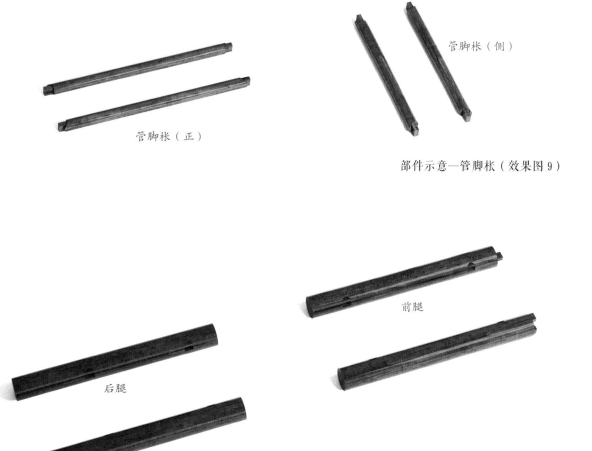

前腿

后腿

部件示意—腿子（效果图 10）

6. 细部详解

细部效果—靠背和扶手（效果图11）

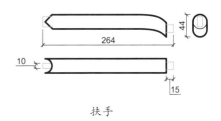

扶手

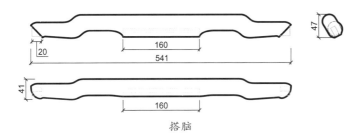

搭脑

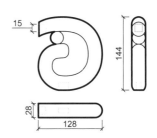

卷云纹夹圆珠构件

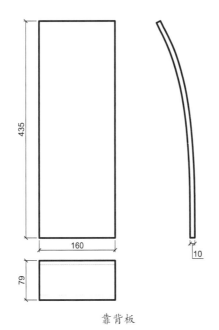

靠背板

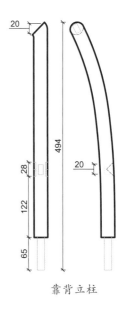

靠背立柱

细部结构—靠背和扶手（CAD图2～图6）

细部效果—管脚枨（效果图 12）

管脚枨（侧）

管脚枨（正）

细部结构—管脚枨（CAD 图 7 ～ 图 8）

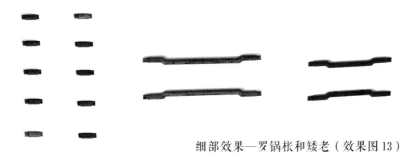

细部效果—罗锅枨和矮老（效果图13）

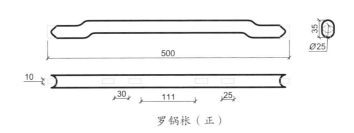

罗锅枨（正）

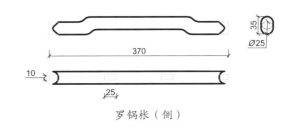

罗锅枨（侧）

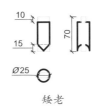

矮老

细部结构—罗锅枨和矮老（CAD 图 9 ~ 图 11）

细部效果—腿子（效果图 14）

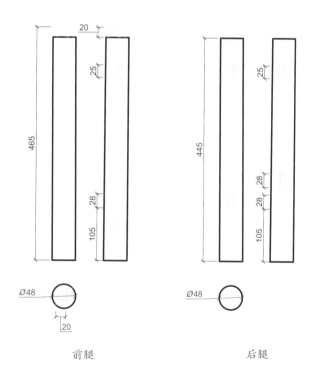

前腿

后腿

细部结构—腿子（CAD 图 12 ~ 图 13）

细部效果—座面（效果图 15）

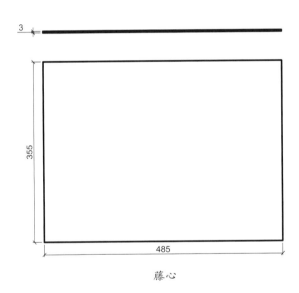

藤心

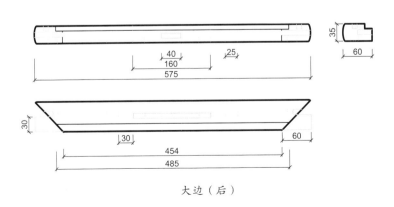

大边（后）

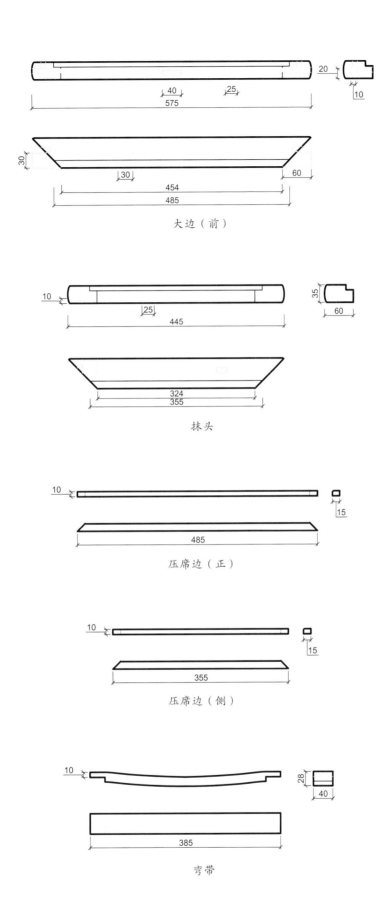

大边（前）

抹头

压席边（正）

压席边（侧）

弯带

三段式靠背四出头官帽椅

材质：红酸枝

丰款：明

整体外观（效果图1）

1. 器形点评

　　此官帽椅搭脑及扶手均以弧形弯材制成，两端向外上挑。靠背板分三段攒成，上段开有长方形开光，中段光素，下段开出云纹亮脚。搭脑两端立柱与后腿为一木连做，贯穿椅盘。椅盘为木板贴席，牙板为洼堂肚牙板。四腿为圆材，略外展，下端安有管脚枨。

2. CAD 图示

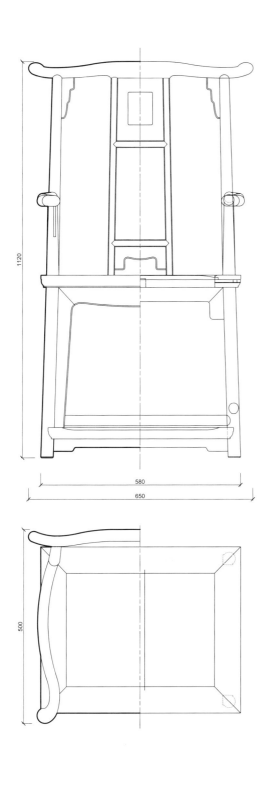

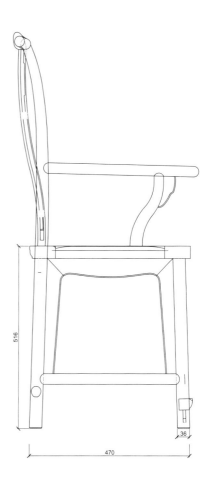

三视结构（CAD 图 1）

3. 用材效果

用材效果（材质：紫檀；效果图 2 ）

用材效果（材质：黄花梨；效果图 3 ）

用材效果（材质：红酸枝；效果图 4 ）

4. 结构爆炸

结构爆炸（效果图 5）

5. 部件示意

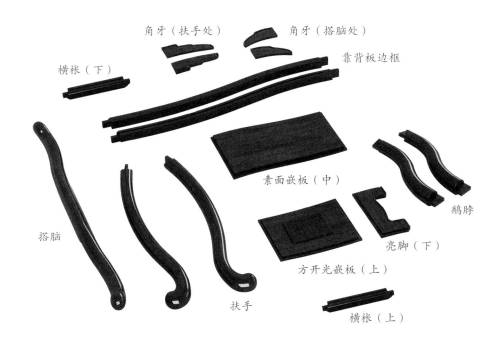

角牙（扶手处）　　角牙（搭脑处）

横枨（下）　　　　　　　　　　靠背板边框

素面嵌板（中）

鹅脖

搭脑

方开光嵌板（上）　　亮脚（下）

扶手　　　　横枨（上）

部件示意—靠背和扶手（效果图6）

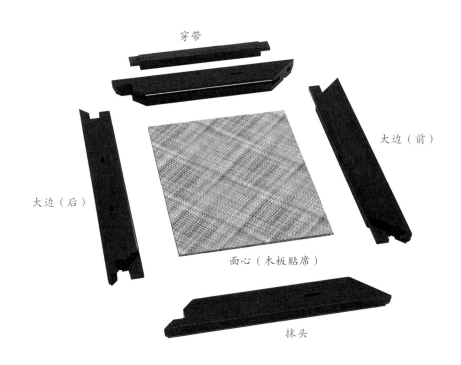

穿带

大边（前）

大边（后）

面心（木板贴席）

抹头

部件示意—座面（效果图7）

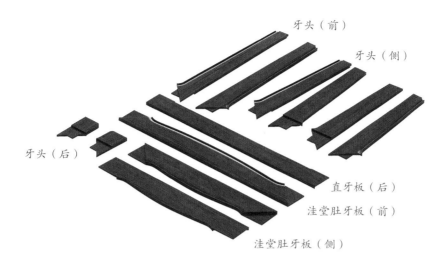

牙头（前）

牙头（侧）

牙头（后）

直牙板（后）

洼堂肚牙板（前）

洼堂肚牙板（侧）

部件示意—牙子（效果图 8）

后腿

前腿

部件示意—腿子（效果图 9）

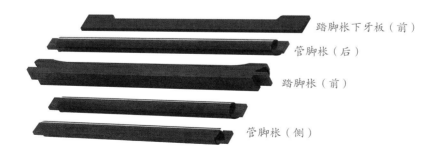

踏脚枨下牙板（前）

管脚枨（后）

踏脚枨（前）

管脚枨（侧）

部件示意—管脚枨和其下牙板（效果图 10）

207

6. 细部详解

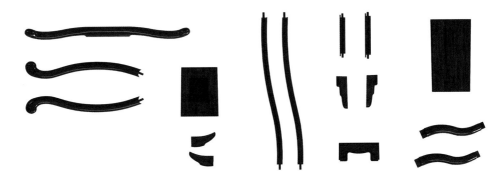

细部效果—靠背和扶手（效果图11）

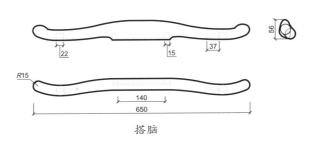

搭脑

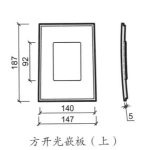

方开光嵌板（上）

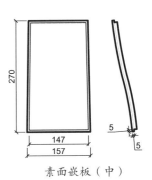

素面嵌板（中）

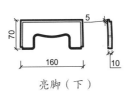

亮脚（下）

角牙（搭脑处）

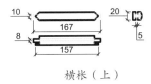

横枨（上）

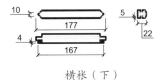

横枨（下）

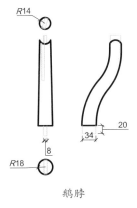

鹅脖

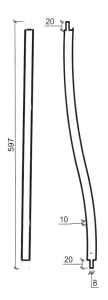

靠背板边框

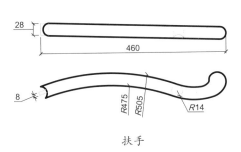

扶手

角牙（扶手处）

细部结构—靠背和扶手（CAD 图 2 ～ 图 12）

细部效果—座面（效果图12）

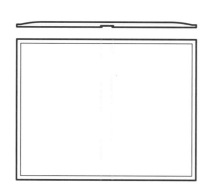

面心（木板贴席）

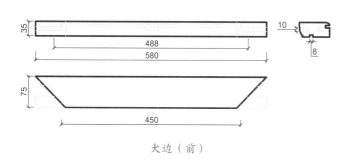

大边（前）

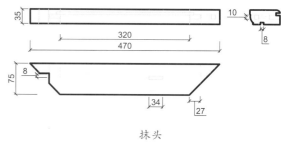

抹头

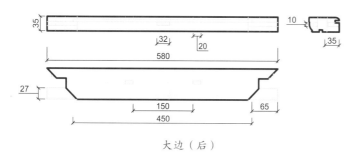

大边（后）

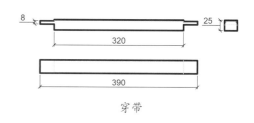

穿带

细部结构—座面（CAD图13～图17）

细部效果—牙子（效果图 13）

牙头（后）

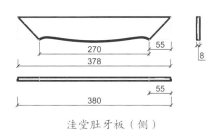

洼堂肚牙板（侧）

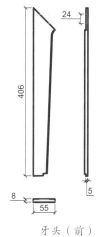

牙头（前）

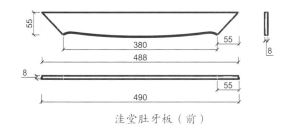

洼堂肚牙板（前）

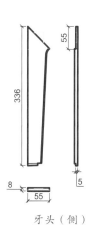

牙头（侧）

直牙板（后）

细部结构—牙子（CAD 图 18 ～ 图 23）

细部效果—管脚枨和其下牙板（效果图14）

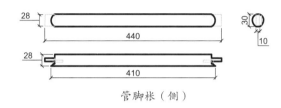

管脚枨（侧）

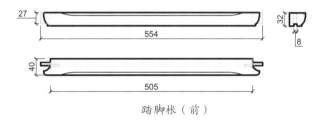

踏脚枨（前）

管脚枨（后）

踏脚枨下牙板（前）

细部结构—管脚枨和其下牙板（CAD图24～图27）

细部效果—腿子（效果图 15）

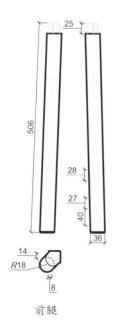

前腿

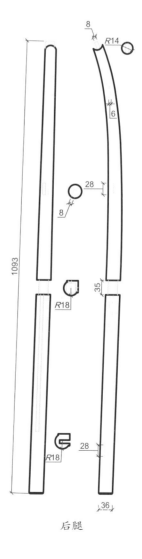

后腿

细部结构—腿子（CAD 图 28 ~ 图 29）

浮雕牡丹纹南官帽椅

材质：红酸枝

年款：明

整体外观（效果图1）

1. 器形点评

此官帽椅整体简洁光素。搭脑为圆材，与后两腿以挖烟袋锅榫相接。两侧扶手及联帮棍亦以弧形弯材制成。靠背板呈S形，开有圆形开光，内浮雕牡丹纹。四腿为圆材，直落到地，腿间安步步高管脚枨。座面与四腿间安有洼堂肚券口牙板。

2. CAD 图示

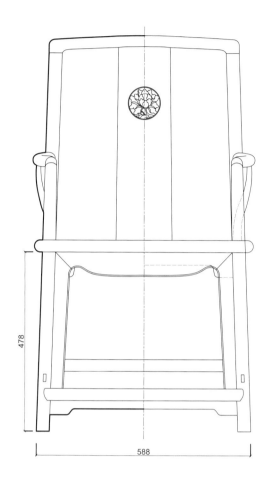

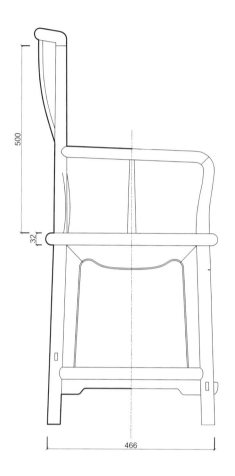

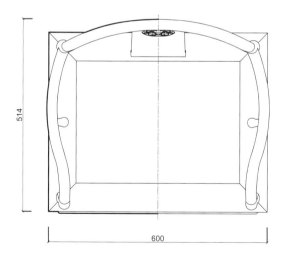

三视结构（CAD 图 1）

3. 用材效果

用材效果（材质：紫檀；效果图 2 ）

用材效果（材质：黄花梨；效果图 3 ）

用材效果（材质：红酸枝；效果图 4 ）

4. 结构爆炸

结构爆炸（效果图 5）

5. 部件示意

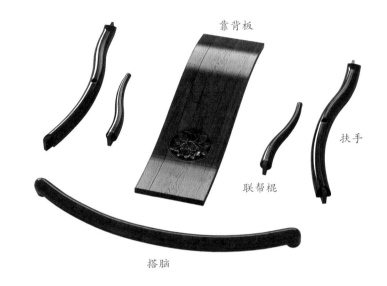

靠背板

扶手

联帮棍

搭脑

部件示意—靠背和扶手（效果图 6）

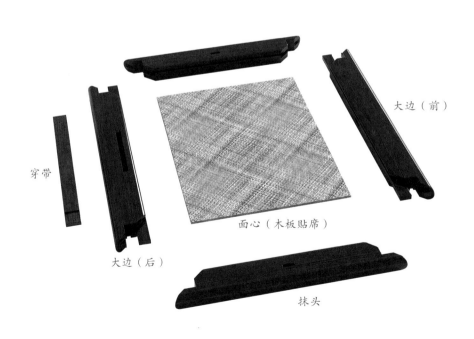

大边（前）

穿带

面心（木板贴席）

大边（后）

抹头

部件示意—座面（效果图 7）

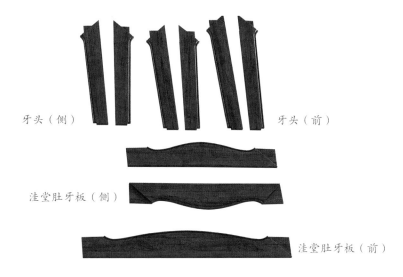

牙头（侧）   牙头（前）

洼堂肚牙板（侧）

洼堂肚牙板（前）

部件示意—牙子（效果图 8 ）

前腿

后腿

部件示意—腿子（效果图 9 ）

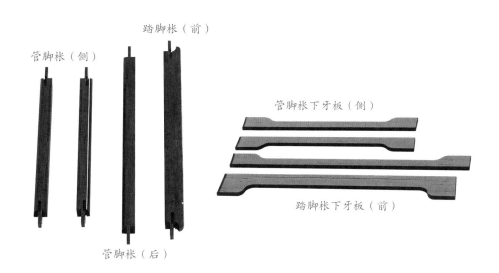

踏脚枨（前）

管脚枨（侧）

管脚枨下牙板（侧）

管脚枨（后）

踏脚枨下牙板（前）

部件示意—管脚枨和其下牙板（效果图 10 ）

6. 细部详解

细部效果—靠背和扶手（效果图 11 ）

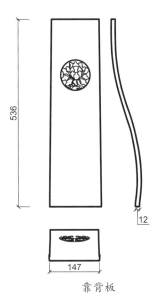

靠背板

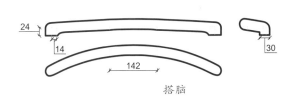

搭脑

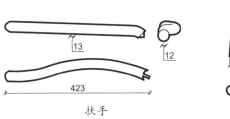

扶手

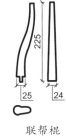

联帮棍

细部结构—靠背和扶手（CAD 图 2 ～图 5 ）

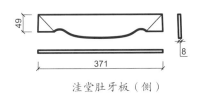

洼堂肚牙板（侧）

细部效果—牙子（效果图 12 ）

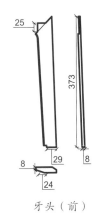

牙头（前）

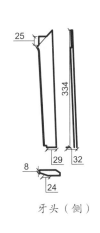

牙头（侧）

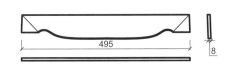

洼堂肚牙板（前）

细部结构—牙子（CAD 图 6 ～图 9 ）

细部效果—座面（效果图 13）

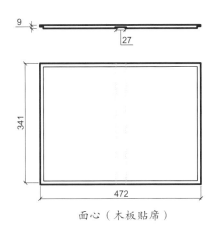

面心（木板贴席）

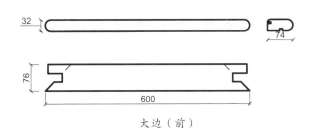

大边（前）

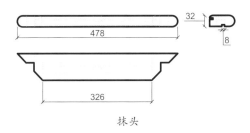

抹头

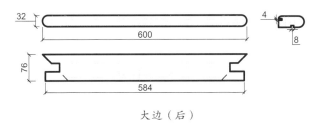

大边（后）

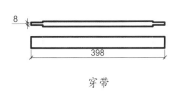

穿带

细部结构—座面（CAD 图 10 ~ 图 14）

细部效果—管脚枨和其下牙板（效果图 14）

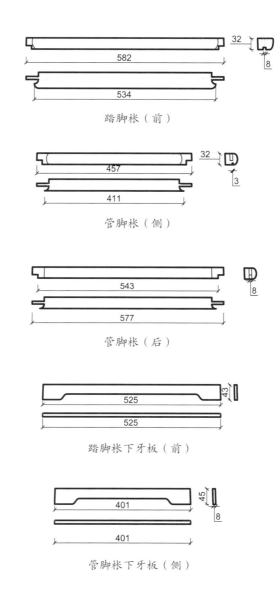

踏脚枨（前）

管脚枨（侧）

管脚枨（后）

踏脚枨下牙板（前）

管脚枨下牙板（侧）

细部结构—管脚枨和其下牙板（CAD 图 15 ~ 图 19）

细部效果—腿子（效果图 15）

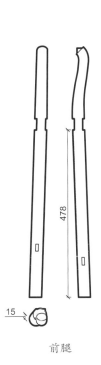

前腿

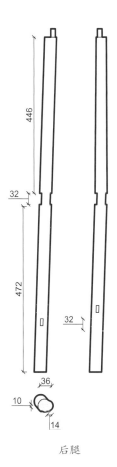

后腿

细部结构—腿子（CAD 图 20 ～图 21）

223

直牙板四出头官帽椅

材质：黄花梨

年款：明

整体外观（效果图1）

1. 器形点评

　　此官帽椅搭脑与扶手两端均出头，与鹅脖、靠背板均为弯材制作。靠背板呈 S 形曲线。座面落堂做，座面之下安有素牙板。四条腿为圆材，足端安管脚枨。正面管脚枨下安有托角牙。此椅整体造型简洁疏朗，线条流畅，有素面朝天的自然美感。

224

2. CAD 图示

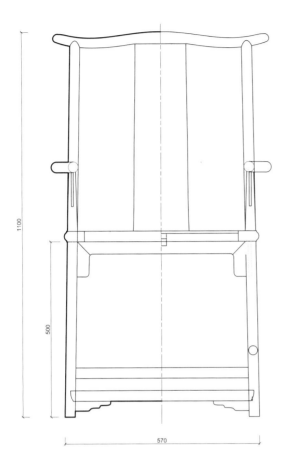

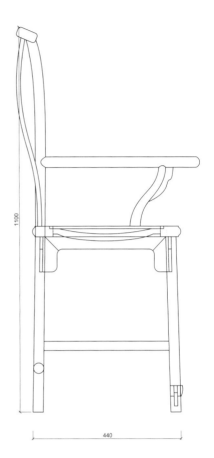

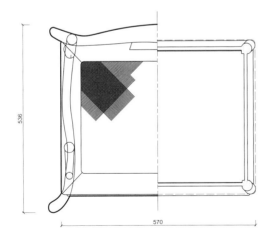

三视结构（CAD 图 1）

3. 用材效果

用材效果（材质：紫檀；效果图 2）

用材效果（材质：黄花梨；效果图 3）

用材效果（材质：红酸枝；效果图 4）

4. 结构爆炸

结构爆炸（效果图 5）

5. 部件示意

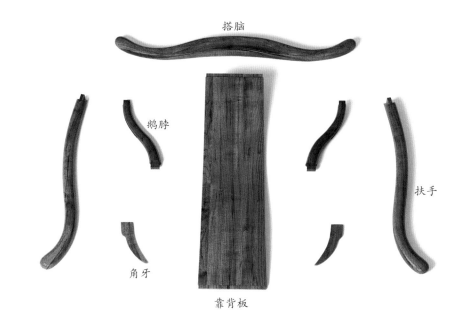

搭脑

鹅脖

扶手

角牙

靠背板

部件示意—靠背和扶手（效果图6）

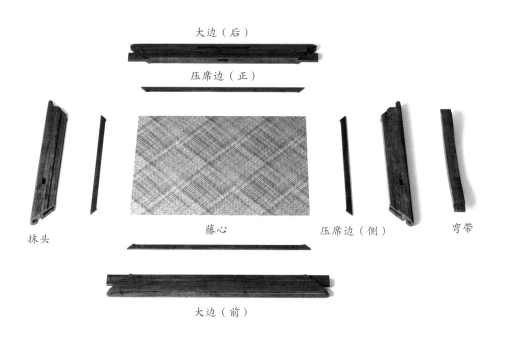

大边（后）

压席边（正）

抹头

藤心

压席边（侧）

弯带

大边（前）

部件示意—座面（效果图7）

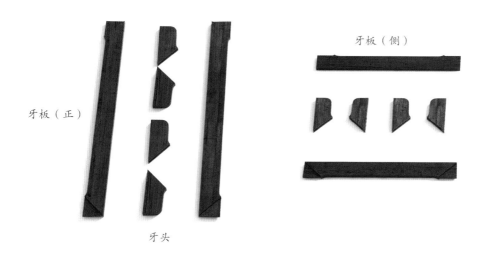

牙板（侧）

牙板（正）

牙头

部件示意—牙子（效果图 8）

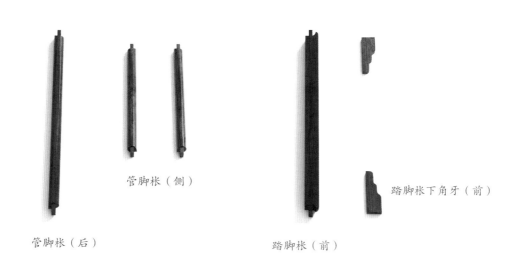

管脚枨（侧）

管脚枨（后）

踏脚枨（前）

踏脚枨下角牙（前）

部件示意—管脚枨和其下角牙（效果图 9）

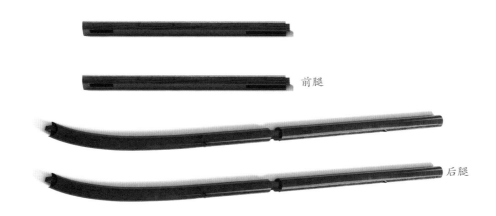

前腿

后腿

部件示意—腿子（效果图 10）

229

6. 细部详解

细部效果—靠背和扶手（效果图 11）

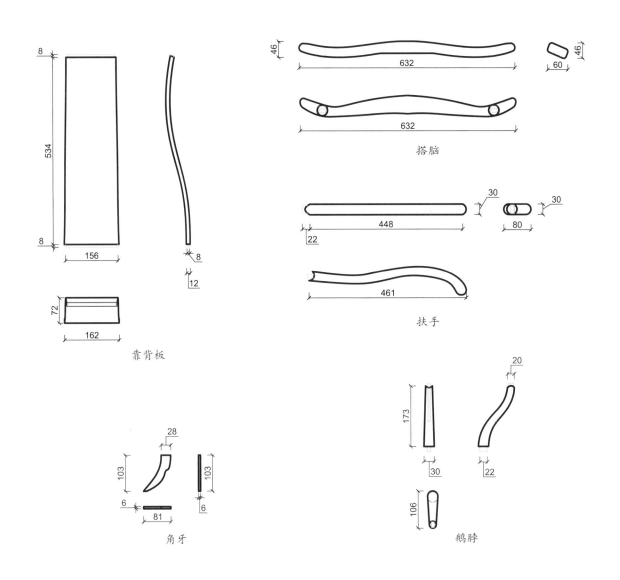

靠背板

搭脑

扶手

角牙

鹅脖

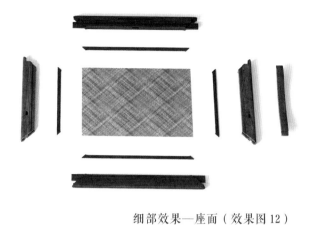

细部效果—座面（效果图 12）

藤心

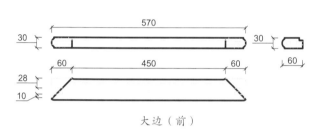

大边（前）

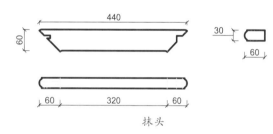

抹头

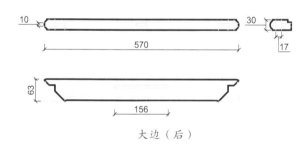

大边（后）

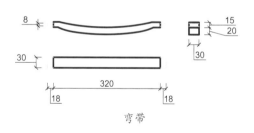

弯带

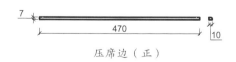

压席边（正）

压席边（侧）

细部结构—座面（CAD 图 7 ~ 图 13）

细部效果—牙子（效果图 13）

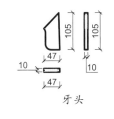

牙头

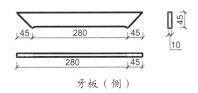

牙板（侧）

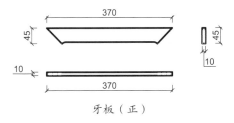

牙板（正）

细部结构—牙子（CAD 图 14 ~ 图 16）

踏脚枨下角牙（前）

踏脚枨（前）

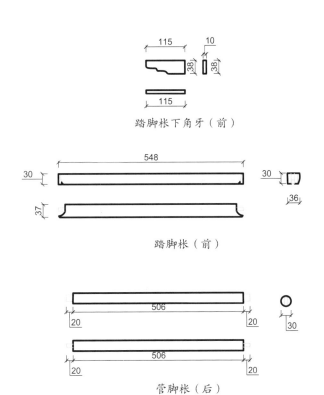

管脚枨（后）

细部效果—管脚枨和其下角牙（效果图 14）

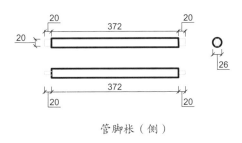

管脚枨（侧）

细部结构—管脚枨和其下角牙（CAD 图 17 ~ 图 20）

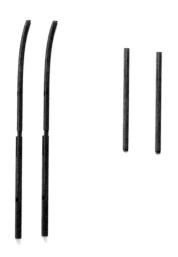

细部效果—腿子（效果图 15）

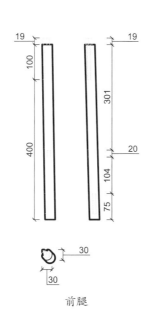

前腿

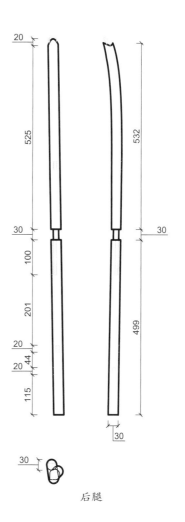

后腿

弓形搭脑南官帽椅

材质：黄花梨

丰款：明

整体外观（效果图1）

1. 器形点评

    此官帽椅搭脑中部高起，与后腿以挖烟袋锅榫接，搭脑两端不出头。扶手、鹅脖及联帮棍均为弯材制作，扶手尽端不出头。靠背板为S形曲线。座面落堂做，座面下方与正面两腿之间安壶门券口牙板。四腿为圆材，微外展，形成挓度，四腿足间安管脚枨。此椅整体造型简洁大方，有一种素面朝天的自然美感。

2. CAD 图示

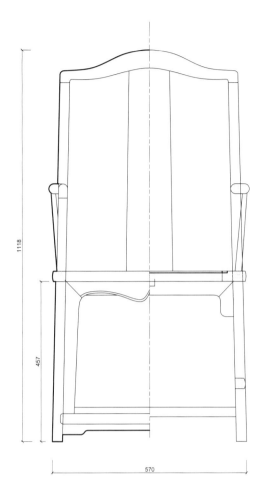

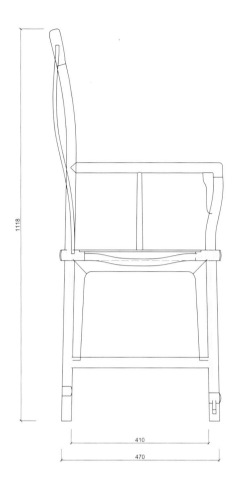

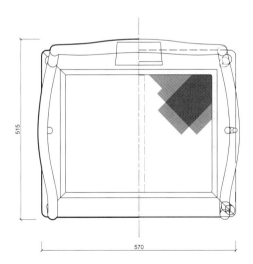

三视结构（CAD 图 1）

3. 用材效果

用材效果（材质：紫檀；效果图 2）

用材效果（材质：黄花梨；效果图 3）

用材效果（材质：红酸枝；效果图 4）

4. 结构爆炸

结构爆炸（效果图 5）

5. 部件示意

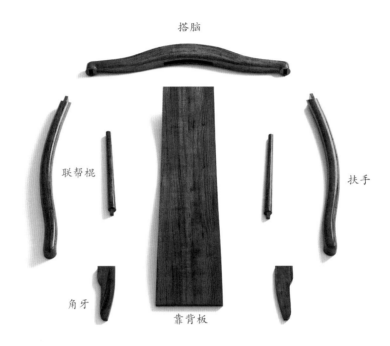

搭脑

联帮棍

扶手

角牙

靠背板

部件示意—靠背和扶手（效果图 6）

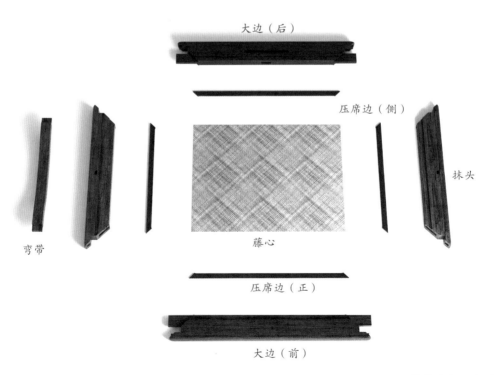

大边（后）

压席边（侧）

抹头

弯带

藤心

压席边（正）

大边（前）

部件示意—座面（效果图 7）

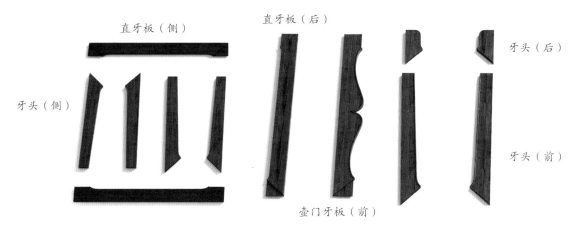

直牙板（侧）　　　直牙板（后）

牙头（后）

牙头（侧）

牙头（前）

壶门牙板（前）

部件示意—牙子（效果图 8）

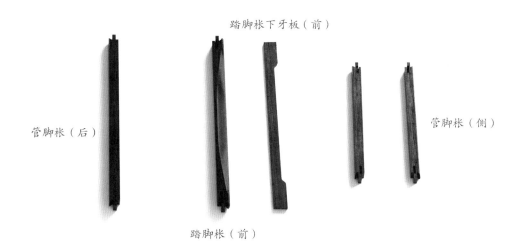

踏脚枨下牙板（前）

管脚枨（后）

管脚枨（侧）

踏脚枨（前）

部件示意—管脚枨和其下牙板（效果图 9）

前腿

后腿

部件示意—腿子（效果图 10）

239

6. 细部详解

细部效果—靠背和扶手（效果图11）

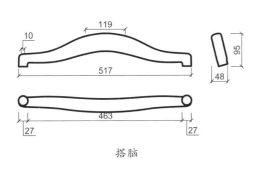

搭脑

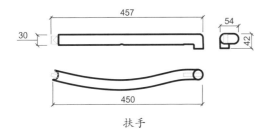

扶手

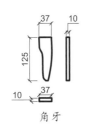

角牙

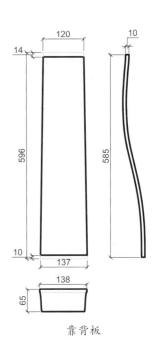

靠背板

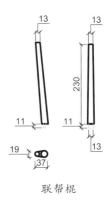

联帮棍

细部效果—座面（效果图 12）

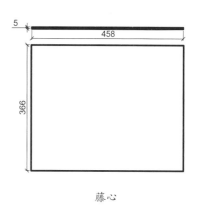

藤心

压席边（正）

压席边（侧）

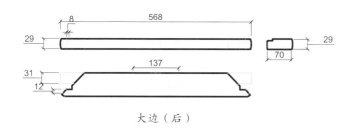

大边（后）

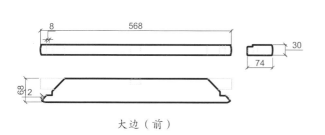

大边（前）

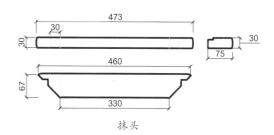

抹头

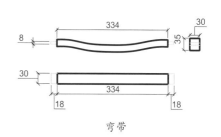

弯带

细部结构—座面（CAD 图 7 ~ 图 13）

细部效果—牙子（效果图 13）

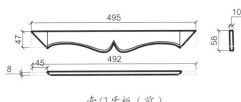

壶门牙板（前）

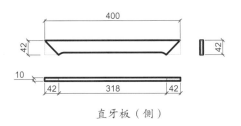

直牙板（侧）

直牙板（后）

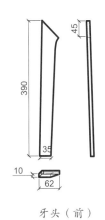

牙头（前）

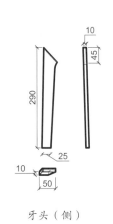

牙头（侧）

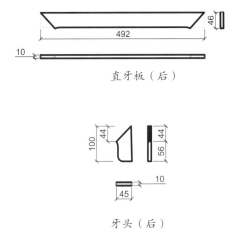

牙头（后）

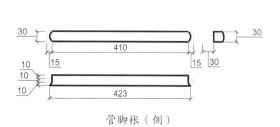

管脚枨（侧）

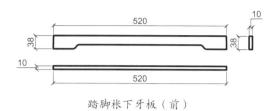

踏脚枨下牙板（前）

细部效果—管脚枨和其下牙板（效果图14）

管脚枨（后）

踏脚枨（前）

细部结构—管脚枨和其下牙板（CAD 图 20 ~ 图 23）

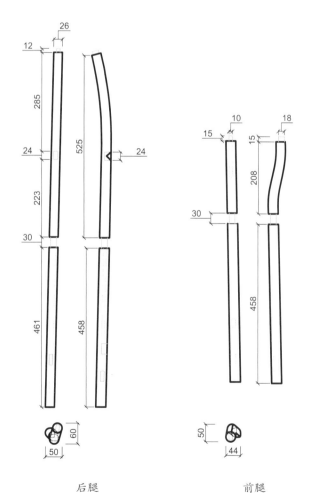

后腿　　　　　　前腿

细部结构—腿子（CAD 图 24 ~ 图 25）

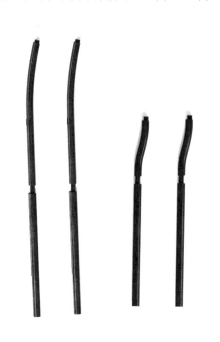

细部效果—腿子（效果图15）

243

螭龙纹南官帽椅

<u>材质：黄花梨</u>

<u>年款：明</u>

整体外观（效果图1）

1. 器形点评

    此官帽椅靠背扶手均采用圆材制作，搭脑两端不出头，与靠背两端的立柱挖烟袋锅榫相接。扶手及联帮棍采用弧形弯材制作。鹅脖与前腿一木连做，贯穿椅盘。靠背板略呈S形，浮雕螭龙纹开光。座面边沿冰盘沿线脚，下安罗锅枨，枨上装矮老。四条腿足为圆材直腿，足端装步步高管脚枨。

2. CAD 图示

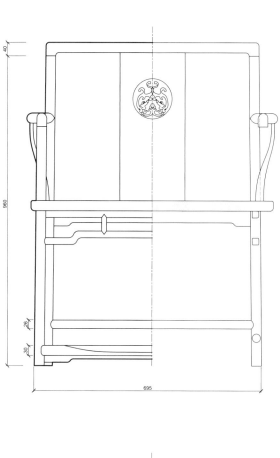

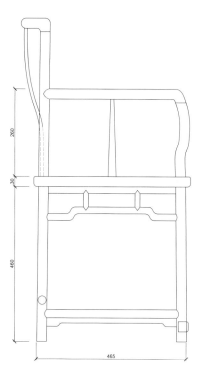

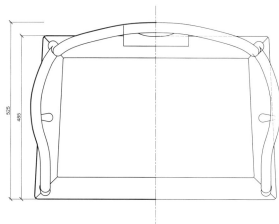

三视结构（CAD 图 1）

3. 用材效果

用材效果（材质：紫檀；效果图 2）

用材效果（材质：黄花梨；效果图 3）

用材效果（材质：红酸枝；效果图 4）

4. 结构爆炸

结构爆炸（效果图 5）

5. 部件示意

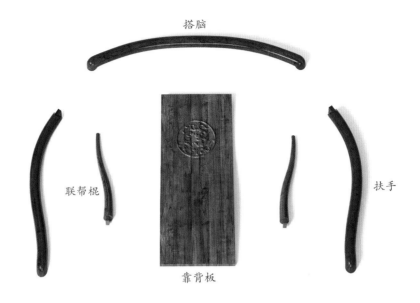

搭脑

联帮棍

扶手

靠背板

部件示意—靠背和扶手（效果图 6）

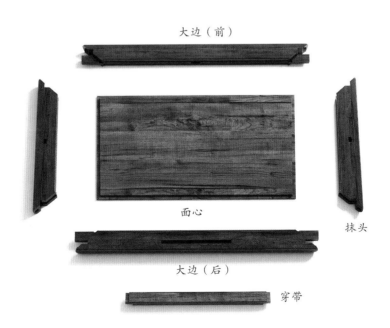

大边（前）

面心

抹头

大边（后）

穿带

部件示意—座面（效果图 7）

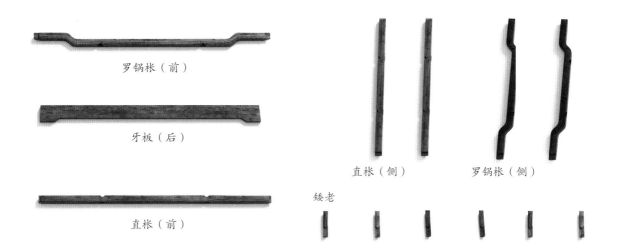

罗锅枨（前）

牙板（后）

直枨（前）

直枨（侧）　　罗锅枨（侧）

矮老

部件示意—枨子和矮老（效果图 8）

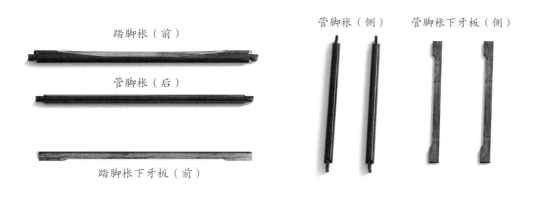

踏脚枨（前）

管脚枨（后）

踏脚枨下牙板（前）

管脚枨（侧）　　管脚枨下牙板（侧）

部件示意—管脚枨和其下牙板（效果图 9）

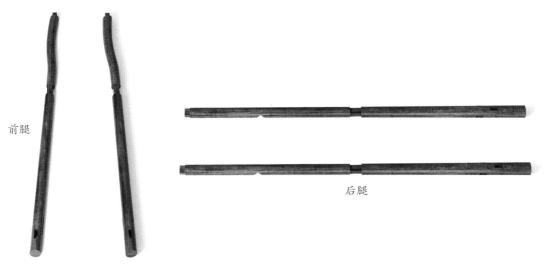

前腿

后腿

部件示意—腿子（效果图 10）

249

6. 细部详解

细部效果—靠背和扶手（效果图11）

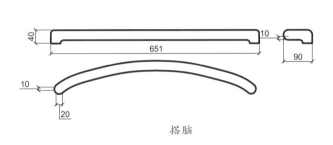

搭脑

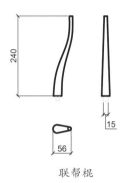

联帮棍

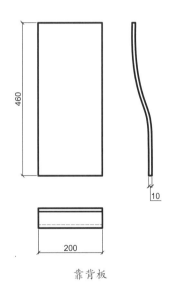

靠背板

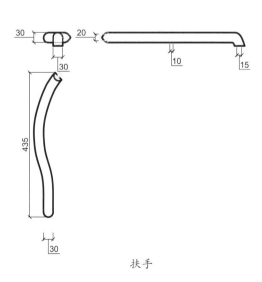

扶手

细部结构—靠背和扶手（CAD图2～图5）

细部效果—座面（效果图 12）

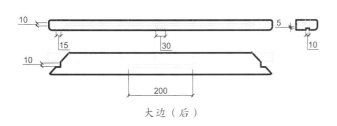

大边（后）

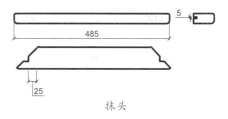

抹头

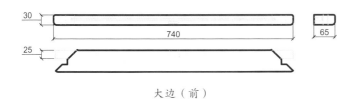

大边（前）

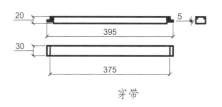

穿带

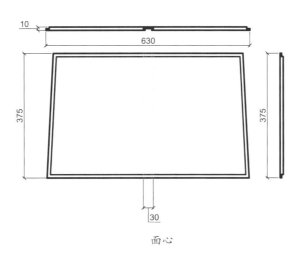

面心

细部结构—座面（CAD 图 6 ~ 图 10）

细部效果—枨子和矮老（效果图13）

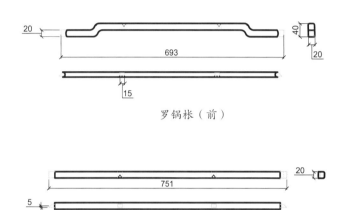

罗锅枨（前）

直枨（前）

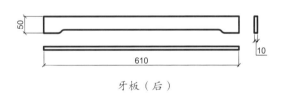

牙板（后）

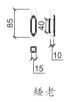

矮老

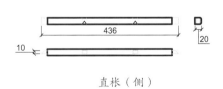

直枨（侧）

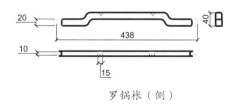

罗锅枨（侧）

细部结构—枨子和矮老（CAD图11～图16）

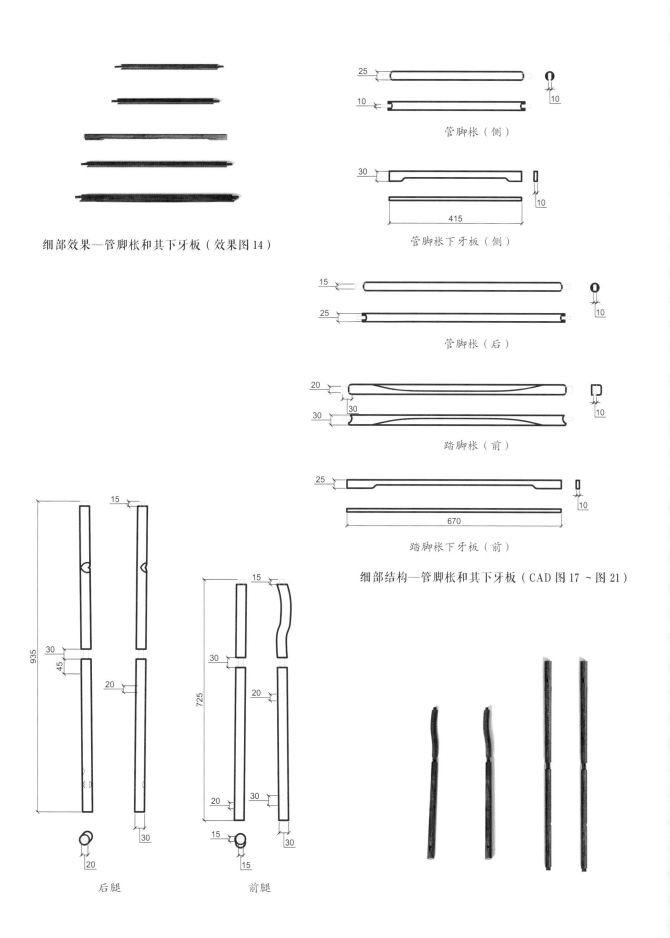

细部效果—管脚枨和其下牙板（效果图 14）

管脚枨（侧）

415
管脚枨下牙板（侧）

管脚枨（后）

踏脚枨（前）

670
踏脚枨下牙板（前）

细部结构—管脚枨和其下牙板（CAD 图 17 ~ 图 21）

935
30
45
20
30

后腿

725
15
30
20
20
30
15
15

前腿

细部结构—腿子（CAD 图 22 ~ 图 23）

细部效果—腿子（效果图 15）

南官帽椅三件套

材质：红酸枝

丰款：明

整体外观（效果图1）

1. 器形点评

　　此套南官帽椅成对一组，搭脑、腿子、扶手及联帮棍均采用圆材制作，搭脑两端不出头，与靠背立柱以挖烟袋锅榫衔接。联帮棍采用圆润的弧形弯材制作，曲线优美。靠背板亦为弧形弯材做成，中间开有长方透孔。座面落堂做，中安藤屉。座面之下四腿直落到地，四腿上端安拱起的罗锅枨，枨上装矮老，四腿至足端装步步高管脚枨。官帽椅中间陈设一件茶几，茶几几面正方形，与四腿以棕角榫相接，为四面平结构。茶几的四腿为方材，直落到地，至足端安四面平管脚枨。此套家具造型简约，有亭然玉立之感。

2. CAD 图示

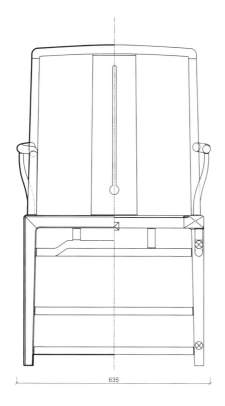

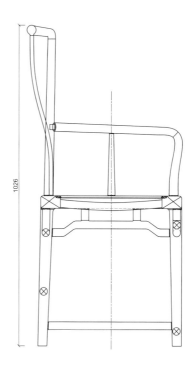

635

1026

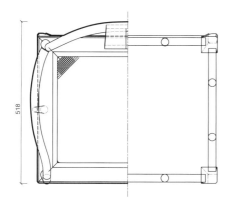

518

三视结构（CAD 图 1）

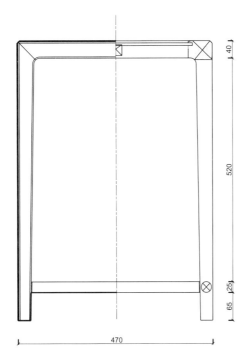

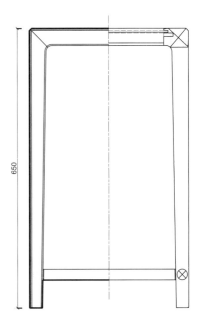

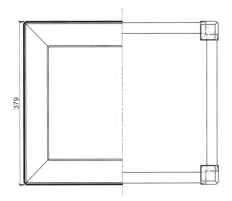

三视结构（CAD 图 2）

3. 用材效果

用材效果（材质：紫檀；效果图 2）

用材效果（材质：黄花梨；效果图 3）

用材效果（材质：红酸枝；效果图 4）

4. 结构爆炸

结构爆炸（效果图 5）

结构爆炸（效果图6）

5. 部件示意

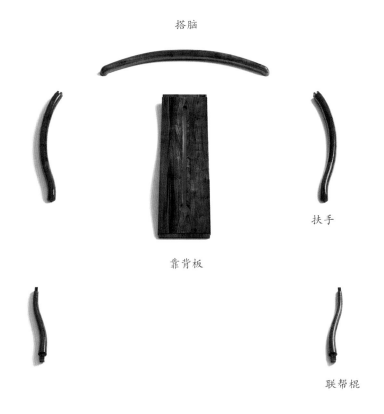

搭脑

扶手

靠背板

联帮棍

部件示意—椅子靠背和扶手（效果图 7）

后腿

前腿

部件示意—椅子腿子（效果图 8）

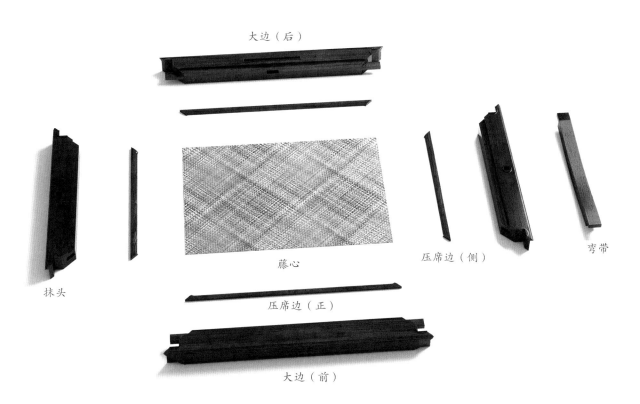

大边（后）

藤心

压席边（侧）

弯带

抹头

压席边（正）

大边（前）

部件示意—椅子座面（效果图 9）

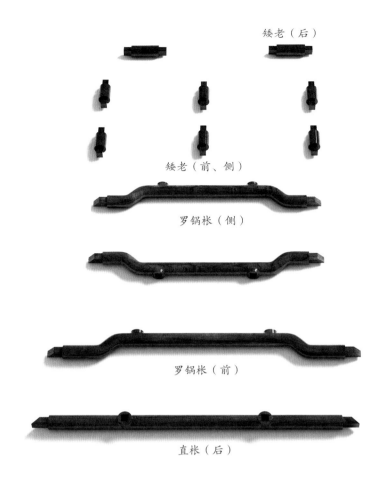

矮老（后）

矮老（前、侧）

罗锅枨（侧）

罗锅枨（前）

直枨（后）

部件示意—椅子枨子和矮老（效果图10）

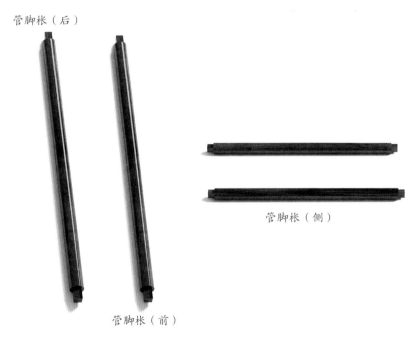

管脚枨（后）

管脚枨（前）

管脚枨（侧）

部件示意—椅子管脚枨（效果图11）

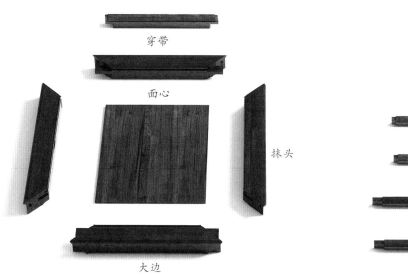

穿带

面心

抹头

大边

部件示意—茶几几面（效果图 12）

管脚枨（侧）

管脚枨（正）

部件示意—茶几管脚枨（效果图 13）

部件示意—茶几腿子（效果图 14）

6. 细部详解

细部效果—椅子靠背和扶手（效果图15）

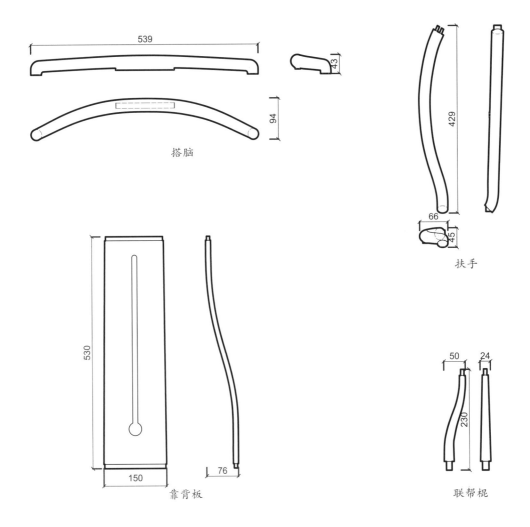

细部结构—椅子靠背和扶手（CAD 图 3 ~ 图 6）

细部效果—椅子座面（效果图 16）

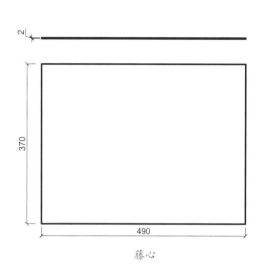

藤心

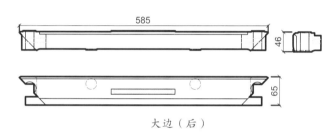

大边（后）

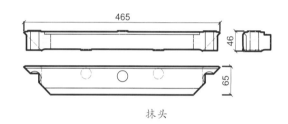

抹头

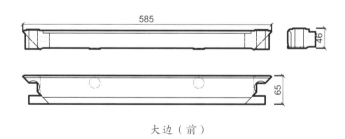

大边（前）

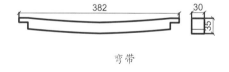

弯带

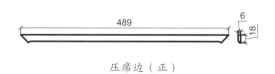

压席边（正）

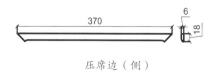

压席边（侧）

细部结构—椅子座面（CAD 图 7 ~ 图 13）

细部效果—椅子枨子和矮老（效果图 17）

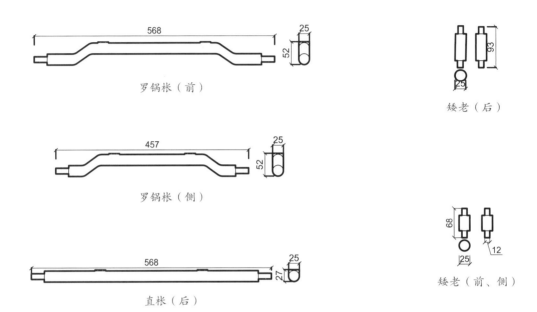

罗锅枨（前）

矮老（后）

罗锅枨（侧）

矮老（前、侧）

直枨（后）

细部结构—椅子枨子和矮老（CAD 图 14～图 18）

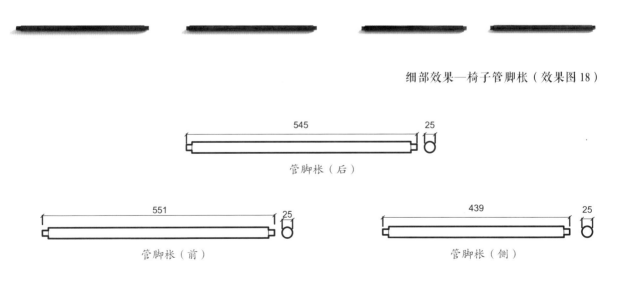

细部效果—椅子管脚枨（效果图 18）

管脚枨（后）

管脚枨（前）

管脚枨（侧）

细部结构—椅子管脚枨（CAD 图 19～图 21）

细部效果—椅子腿子（效果图 19）

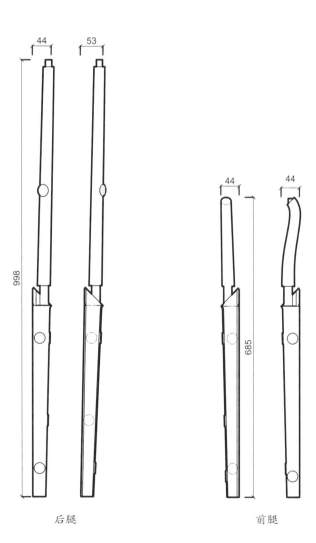

后腿   前腿

细部结构—椅子腿子（CAD 图 22 ~ 图 23）

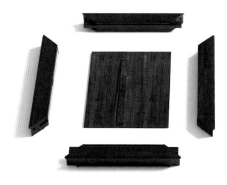

细部效果—茶几几面（效果图 20）

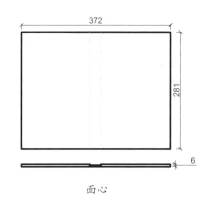

面心

大边

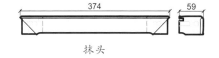

抹头

穿带

细部结构—茶几几面（CAD 图 24 ~ 图 27）

细部效果—茶几管脚枨（效果图 21）

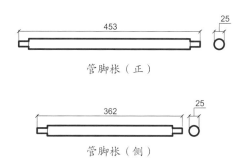

管脚枨（正）

管脚枨（侧）

细部结构—茶几管脚枨（CAD 图 28 ~ 图 29）

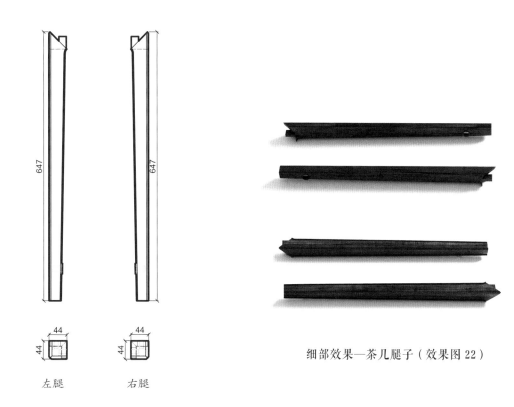

左腿　　　　右腿

细部效果—茶几腿子（效果图 22）

细部结构—茶几腿子（CAD 图 30 ~ 图 31）

图 版 索 引